ABRÉGÉ
DE
GÉOLOGIE,

PAR M.r STRUVE,

PROFESSEUR DE CHIMIE ET DE MINÉRALOGIE,

Destiné aux leçons qu'il donne dans cette science.

SECONDE ÉDITION,

Corrigée et augmentée, avec une planche.

PARIS,
J.J. PASCHOUD, Lib., rue Mazarine, n.° 22.
GENÈVE,
Même Maison de Commerce.
1819.

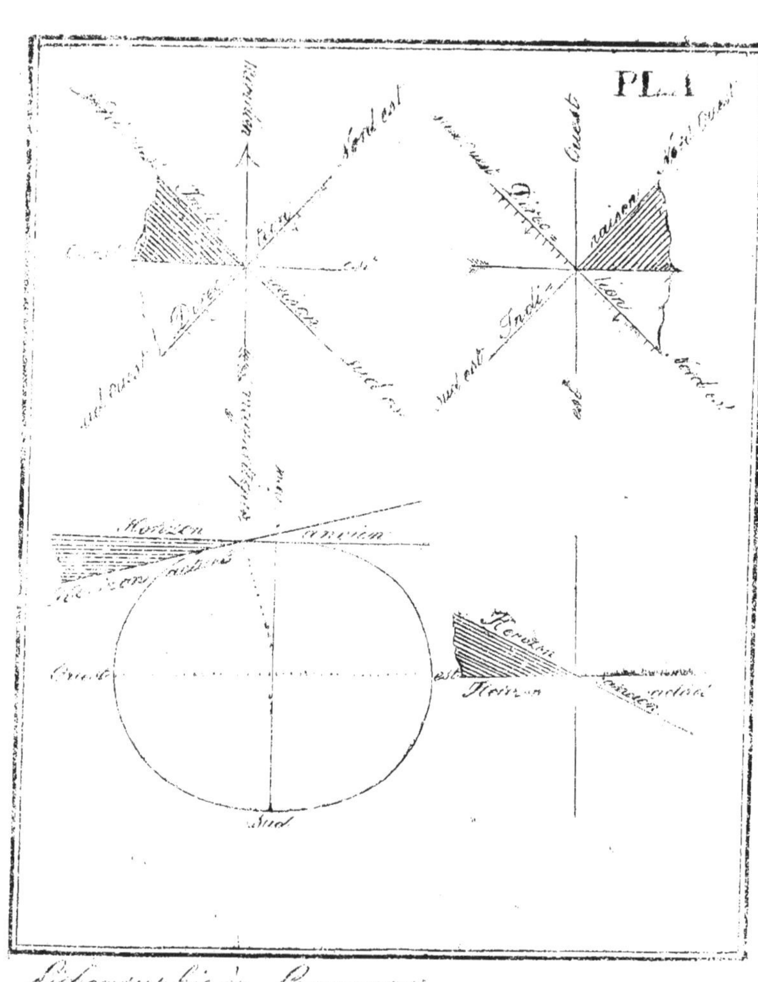

Lithographie de Lausanne

PRÉFACE.

Je ne connois aucun ouvrage sur la géologie qui s'approche de la forme élémentaire, et parmi ceux que l'on pourroit regarder comme tels, je n'en sache aucun qui donne une idée satisfaisante de la suite des couches et qui renferme sous un petit volume les principaux faits géologiques.

C'est ce qui m'a engagé à composer ce petit ouvrage pour l'usage de mes leçons. J'en sens toute l'imperfection, mais je compte sur l'indulgence des personnes qui connoissent les difficultés qui doivent arrêter dès ses premiers pas un écrivain qui ose aborder, dans l'état actuel de nos connoissances, une science aussi peu avancée que la géologie et surtout en exposer les premiers principes, comme j'ai essayé de le faire dans l'ouvrage élémentaire, qui doit servir de base aux leçons que je suis appelé à donner.

ABRÉGÉ
DE
GÉOLOGIE.

J'EXPOSERAI les principaux faits géognostiques, quelques conclusions tirées de ces faits, et enfin les conjectures que l'on peut faire sur la formation des couches de notre globe.

La *géognosie* est la science qui nous apprend quelle est la structure actuelle de la croute de notre globe, et de quelles substances minérales elle est composée.

La *géogonie* recherche de quelle manière les substances qui la composent ont été formées.

Ces deux branches réunies forment ce que l'on appelle *géologie*.

Les différens faits qu'expose la géognosie sont relatifs, ou à la forme extérieure de la surface de notre globe, ou à la nature et à la distribution des roches qu'elle offre, ou à leur succession et à leur disposition.

I. FAITS.

A. *Relatifs à la forme extérieure de la surface de notre globe et à la nature des roches qu'elle présente.*

Si nous examinons sur une carte du globe les continens, nous voyons qu'ils présentent une circonstance très-remarquable ; c'est qu'ils s'étendent tous en pointe au Sud, qu'ils ont au côté occidental de grandes baies, au côté oriental des îles, et qu'ils se terminent en caps élevés.

Ce fait qui n'avoit pas échappé à Bacon, et que Lichtenberg a développé, peut jeter du jour sur les révolutions qu'a subi notre globe.

Si nous examinons la forme extérieure des parties solides que présente la surface de nos continens, nous y voyons de grandes inégalités, des chaînes de montagnes parallèles, séparées les unes des autres par des vallées longitudinales parallèles avec elles, et nous voyons ces chaînes coupées par des vallées transversales qui les traversent de part en part sous des angles plus ou moins obtus (1).

Ces montagnes et ces vallées présentent différentes roches simples et composées.

La connoissance des roches simples appartient à la minéralogie, celle des roches composées est du domaine de la géognosie.

Les premières sont sans mélange

---

(1) Les Alpes présentent un grand nombre de chaînes parallèles entr'elles, c'est ainsi que l'on voit depuis le Buet un grand nombre de chaînes parallèles entr'elles, comme le Jura, le Salève, les Monts-Vergi, ceux du Reposoir, les Aiguilles Rouges, les Aiguilles de Chamouni, les chaînes qui bordent le Vallais etc. phénomène que Mr. de Saussures regarde, à juste titre, comme important pour la théorie de la terre, §. 577, page 511.

visible, les secondes sont composées d'un mélange visible, si non à l'œil nu, du moins à l'œil armé.

On distingue les roches composées non volcaniques par le mode de l'union de leurs parties, en *granitiques*, dont les parties sont unies par l'intimité du contact, et en *agrégées*, dont les parties sont réunies à l'aide d'un cément qui remplit les interstices qu'elles laissent entr'elles, où médiatement au moyen d'une pâte qui les enveloppe. Celles-ci renferment les *porphyres*, composés de cristaux ou grains anguleux et les *amygdaloïdes*, composés de parties arrondies. Dans les unes et les autres les grains anguleux et les parties arrondies sont incrues dans une pâte et le résultat de la cristallisation (2). Celles-là,

(2) Ce qui distingue les porphyres (et les amygdaloïdes) des brèches et des poudingues, c'est que les grains qu'ils renferment paroissent avoir été formés par la cristallisation à mesure que le cément qui les lie se déposoit ou se cristallisoit confusément d'une manière analogue à sa nature. De Saussures, §. 149.

savoir celles dont les parties sont réunies à l'aide d'un cément et sont ou des fragmens ou des galets, se nomment aussi *roches agglutinées*, et renferment les grès, les brèches et les poudingues.

On a donné des noms particuliers aux mélanges qui composent des montagnes entières, ou qui se présentent d'une manière continue sur une certaine étendue de terrain.

Quant aux autres, on se borne à indiquer leurs composans.

Les roches composées ou mélangées se divisent comme suit:

Division des roches ou pierres composées.

I. *Roches point volcaniques* (3).

Les parties dont elles sont composées sont simples à la vue et ne présentent pas vues à la loupe un mélange.

---

(3) Le tableau des roches volcaniques suivra plus bas.

A. Dont les parties sont réunies immédiatement entr'elles et se touchent mutuellement. Leur tissu est grenu.

Le granit, .	est composé de	Feldspath, quarz mica. Cassure-compacte.
La syenite, .		Feldspath (quarz) et hornblende. Cassure-compacte.
Le diabase, . (grünstein).		Hornblende et feldspath. Cassure-compacte.
Le gneuss et le granit veiné.		Feldspath, quarz et mica. Cassure schisteuse.
Le gneuss corné; protogine de Jurine et de Brongniard en partie.		Feldspath, quarz et cornéenne-fissile (4).

(4) Une roche qui mérite une place dans la suite des pierres composées, puisqu'elle forme des montagnes considérables, c'est l'association du quarz et du feldspath à la cornéenne-fissile qui forme une roche commune en Suède, fréquente dans nos Alpes, surtout dans les environs

	est composé de	
Le mica-schiste (glimmerschiefer).		Mica et quarz. Cassure-schisteuse.
Le schiste de diabase (grünsteinschiefer).		Hornblende à petit grain et feldspath-compacte. Cassure-schisteuse.
Le gabbro de M. de Buch (5).		Jade Suisse et diallage ordinairement verte, quelquefois grise, avec ou sans feldspath.
On peut ajouter le mélange de jade et de serpentine ou le serpentin (6).		

---

du Mont-Blanc, par exemple, au Pont-Pillissier près de Servoz, et que Mr. Escher a trouvé dans la vallée de la Reuss, près de Grakenthal.

Elle a été très-bien décrite par Wallérius et par MM. de Saussures et Escher.

C'est un gneuss qui, au lieu de mica, renferme une substance qui se présente, dans son mélange avec le quarz et le feldspath, en parties écailleuses d'un gris entre gris de fumée et gris verdâtre, peu brillantes, d'un éclat gras, un peu translocides aux arrêtes, qui tient le milieu par son aspect entre le mica, le schiste et la hornblende, a une apparence cornee, est tendre et très-tendre, à rasure grise, et répand humecté

B. Dont les parties sont réunies médiatement par une pâte.

Le porphyre à pâte simple.	Mélange où des cristaux ou des grains anguleux sont incrus dans une pâte argileuse ou de feldspath-compacte.
L'amygdaloïde à pâte simple.	Mélange où des parties arrondies sont incrues dans une pâte.

---

par le soufle une forte odeur argileuse. Le quarz se trouve souvent dans cette roche disposé par nœuds enveloppés de cette substance, et forme alors ces roches glanduleuses décrites par Wallérius et par de Saussures.

Cette substance qui remplace le mica est le *corneus fissilis* de Wallérius ou la pierre de corne-fissile de Mr. de Saussures, que l'on ne doit point regarder comme un schiste argileux, car elle présente les caractères chimiques des pierres magnésiennes.

(5) Le gabbro de Buch, Verde di Corsica, Euphotide de Hauy, forme des terrains étendus dans plusieurs contrées.

(6) A la rigueur la serpentine que Mr. de Buch regarde comme un gabbro à parties indistinctes, mêlé de beaucoup de talc, appartiendroit aux ro-

C. Dont les parties du mélange sont des fragmens agglutinés ensemble par un cément. *Roches agglutinées.*

Le grès gris (grauwacke).	Fragmens de roches primitives, ou de roches primitives et de transition agglutinées par un cément argileux ou schisteux.
Le grès, . . .	Petits fragmens principalement de quarz agglutinés.
Le conglomerat.	Fragmens de roches diverses, agglutinées par divers céments.

On les appelle *brèches* lorsque les fragmens sont anguleux; *poudingues* lorsque ce sont des galets.

---

ches composées; car, examinée avec soin, elle renferme des parties très-différentes.

I. FAITS.

B. *Relatifs à la forme extérieure des montagnes et à la succession des roches.*

Les montagnes vont, à l'exception de quelques irrégularités, locales en s'abaissant graduellement depuis leur centre jusqu'à la plaine, en sorte que si l'on combloit toutes les vallées, on pourrroit, dit M[r]. de Saussures, monter par une pente douce et presque insensible jusques au sommet des plus hautes cimes des Alpes, §. 325.

Les deux faces ou côtés opposés des grandes chaînes de montagnes ou des Alpes, ne sont ni semblables, ni symétriques, quant à la nature des substances dont elles sont composées. Elles ne se ressemblent pas en Suisse, en France, en Russie, en Sibérie, comme de Saussures et Pallas l'ont observé. En Suisse et en Dauphiné, du côté Nord, toute la chaîne extérieure est composée de montagnes calcaires, d'une hauteur et d'une étendue considérable. Du côté méridional, au contraire, les roches feuilletées, les granits même arrivent jusqu'aux plaines. De Saussures, §§. 981, 1300.

Les montagnes présentent de grandes différences dans leurs hauteurs et dans leur température.

La plus haute montagne en Europe, le Mont-Blanc, a 4775 mètres,
soit 2466 toises
ou 14800 pieds.

En Amérique, le Chimboraco au Pérou, a 6530 mètres,
soit 3350 toises
ou 20102 pieds.

En Asie, le pic le plus élevé du Tibet, doit avoir 7821 mètres,
soit 4012 toises
ou 24076 pieds.

En Afrique, le pic de Ténérife a 3710 mètres,
soit 1903 toises
ou 11421 pieds.

Le haut des Alpes est couvert de neiges éternelles. Leur limite inférieure varie selon les contrées, et même, dans la même contrée, selon l'élévation des montagnes. De Saussures, §. 943. Elle est au plus de 1400 toises ou 8400 pieds en Suisse et en France, §. 946, dans les montagnes dont la hauteur ne surpasse pas de beaucoup cette limite. Les neiges ne se fondent guère au-dessus de 1300 toises ou 7800 pieds sur les montagnes dont la hauteur totale surpasse 15 à 1600 toises ou 9000 à 9600 pieds, §. 942; mais les glaciers descendent beaucoup plus bas (7).

Les montagnes en général sont composées de diverses substances minérales, disposées en couches parallèles qui se suivent dans un certain ordre qu'on appelle ordre ou rapport de *stratification*, et qui est le même dans plusieurs lieux. Cet ordre est celui de leur ancienneté.

---

(7) La limite inférieure des neiges varie selon la hauteur et la latitude. Elle est selon Mr. de Buch, pour les Alpes, entre 45 $\frac{3}{4}$ et 46 $\frac{1}{2}$ degrés de latitude de 8540 pieds ou 1420 toises; — pour la Norvège, à 70 degrés de latitude de 3300 pieds ou 550 toises. — Sous l'équateur, elle est de 2000 à 2500 toises ou de 14400 — 15000 pieds.

Il est le même en Asie et en Amérique comme chez nous. Ainsi quoique ce que je dirai regarde particulièrement la Suisse et l'Allemagne, ce que j'exposerai s'applique à tous les pays.

Les différentes couches se sont formées à différentes époques. On nomme *formation* l'ensemble des roches, dont les couches datent d'une même époque.

Si l'ensemble des roches, dont les couches datent d'une même époque, renferme une roche qui domine, entre les couches de laquelle se trouvent des couches différentes, de moins d'épaisseur, on appelle ces dernières *couches subordonnées*. C'est ainsi, par exemple, que nous voyons entre les couches de grès marneux des couches de houille. L'on dit de ces couches qu'elles sont subordonnées à la formation du grès marneux.

Les formations se distinguent les unes des autres, soit par leur nature, soit en ce que leur stratification est différente.

Chacune est composée de couches générales, appelées *bancs* (en allemand *laager*) ou *couches* (floeze) selon qu'elles se trouvent dans des montagnes anciennes ou modernes ; et de couches particulières, appelées *strates* (schichten) dont la disposition porte le nom d'*assises* (schichtung). La suite des strates porte le nom de *stratification* (laagerung).

On distingue les roches qui composent les montagnes d'après leur ancienneté en *primitives*, *secondaires*, de *transition* et d'*alluvion*, et d'après le mode de leur formation en *non volcaniques*, *volcaniques* et *pseudo-volcaniques*.

Les roches *primitives* présentent les caractères et sont le résultat de la cristallisation. Elles occupent les points les plus élevés, et se rencontrent dans les plus grandes profondeurs. Les montagnes et les terrains qu'elles forment ne sont ordinairement composés que d'une seule espèce de pierre, et l'on n'y trouve point de couches composées de fragmens de pierre, ni de corps organisés.

Les roches *secondaires* présentent les caractères et sont le résultat d'un dépôt, dans lequel cependant la cristallisation, ou si l'on veut la précipitation chimique, a eu, comme l'a montré Mr. de Saussures, plus ou moins de part. Elles sont composées de bancs qui varient dans leur nature. Les couches composées de fragmens et les corps organiques, ne leur sont pas étrangers.

On a nommé roches de *transition* des roches auxquelles on attribuoit une origine mixte, et que l'on croyoit tenir le milieu entre les primitives et les secondaires, en présentant des indices de cristallisation; mais comme Mr. de Saussures a prouvé que la cristallisation n'avoit pas perdu ses droits dans la formation des roches secondaires, il paroît qu'on ne doit regarder l'expression de roches de transition, que comme un terme qui désigne des roches secondaires anciennes.

Il seroit peut-être utile d'abandonner cette expression, qui paroît avoir beaucoup nui aux progrès de la géognosie, par la fausse idée qu'on y attachoit et par le peu d'accord qui règne sur les roches qui doivent faire la limite entre ces deux ordres.

On auroit dû reserver cette expression pour ce que j'appelle *transition ancienne*, si bien décrite par Brochant, ou pour les roches évidemment plus anciennes que le schiste de transition et ses dépendances, ou que le schiste sur lequel repose la pierre calcaire des hautes Alpes. Le bas Vallais, qui, comme l'on sait, est une vallée transversale qui coupe les couches, nous offre un des points les plus favorables pour voir ces deux genres de roches de transition.

Celles d'*alluvion*, qui sont les dernières couches de la croute de notre globe, sont le résultat de débris incohérens de roches menuisées et transportées par les eaux.

On ne trouve point de corps organisés dans les premières, mais bien dans les secondaires et dans celles de transition. Celles d'alluvion en renferment qui n'ont pas changé de nature.

Les roches *volcaniques* sont des roches qui ont été rejetées par les volcans.

Quant à l'ordre dans lequel se suivent les montagnes, Mr. de Saussures observe que c'est une observation générale quoique sujette à quelques exceptions, que dans les grandes chaînes on trouve au dehors les montagnes calcaires, puis les ardoises, puis les roches feuilletées primitives, et enfin les granits, §. 477. La plupart des cols des hautes Alpes, qui passent entre des montagnes primitives et des secondaires, sont remplis d'ardoises verticales, §. 681. J'observerai qu'après les montagnes calcaires qui forment les dehors, viennent les ardoises recouvertes de pierre calcaire des hautes Alpes, là où la calotte de calcaire des hautes Alpes n'a pas été enlevée.

Quant à la régularité des couches, les montagnes ont des couches d'autant plus irrégulières et plus inclinées, qu'elles approchent plus des primitives. De Saussures, §. 287.

Quant à l'ordre dans lequel se suivent les roches, le *granit* est la dernière à laquelle on soit parvenu.

Il est composé d'un assemblage de grains ou de parties cristallines de quartz, de feldspath et de mica, parfaitement engrenées les unes dans les autres et s'adaptant les unes aux autres avec une précision qui exclut toute idée de cément qui en lie les parties, comme l'observe M^{r}. de Saussures, §. 134.

Le plus ancien a le moins de mica et a les formes cristallines et les grains les plus distincts. On ignore son épaisseur, et nous ne connoissons de la croute de notre globe que la portion la plus voisine de la surface, car l'exploitation la plus profonde, celle de *Kuttenberg* en Bohême n'a que 3056 pieds de profondeur, et l'exploitation la plus profonde d'Hongrie n'a que 268 toises ou 1608 pieds de profondeur. Delius, §. 96, pag. 120.

Cette profondeur de 3056 pieds de la mine de *Kuttenberg* ne fait que la 6500 milième partie du rayon de la terre, et ne feroit qu'un $\frac{1}{200}$me. de ligne sur un globe d'un pied de diamètre.

On ignore ce qu'il y a sous le granit. MM. de Saussures et Escher ont prouvé qu'il est distribué par bancs. Les derniers se distinguent ordinairement en ce que le mica y est disposé de manière à donner au granit un coup d'œil veiné (8).

---

(8) C'est le *granit veiné* de Mr. de Saussures. Dans ce granit les parties sont entrelacées les unes dans les autres.

Dans le gneuss des feuillets très-fins de mica, pur alternent avec des feuillets où le quartz et le feldspath, sont mélangés entr'eux, §. 1726.

Quelquefois il passe à l'état de syénite, sans ou avec mica, voyez Schmidt, ou aussi à l'état de granit, où le mica est remplacé par la cornéenne (*corneus fissilis*) de Wallérius et de Saussures, ce qui a lieu dans les environs du Mont-Blanc et çà et là au St. Gothard.

Sur le granit repose une roche appelée *gneuss*, qui se distingue du granit par sa cassure schisteuse (9).

Le gneuss et le granit veiné alternent quelquefois avec le granit proprement dit.

Le gneuss est recouvert de mica-schiste (*glimmerschiefer*) qui s'en distingue par plus de mica. C'est un mélange de mica et de quartz d'un tissu schisteux, dans lequel les feuillets de mica sont trop abondans pour les discerner les uns des autres, et qui se distingue par son éclat lorsque les feuillets de mica sont très-petits.

Dans quelques contrées la hornblende chyteuse, puis le porphyre suivent le gneuss et précédent le mica-schiste (glimmerschiefer), quelquefois le porphyre suit le mica-schiste.

Au

---

(9) Quelquefois on trouve entre le granit et le gneuss du *weisstein*, qui est une roche composée de feldspath-compacte blanc et de très-petites paillettes de mica, et qui doit renfermer souvent de très-petits grenats?

Au mica-schiste (glimmerschiefer) à très-fines paillettes de mica, qui forme ordinairement les derniers bancs, succède le *schiste argileux primitif*, que l'on peut considérer comme un glimmerschiefer à parties indiscernables. Il se distingue des autres schistes par un peu d'éclat, suite du passage du glimmerschiefer au schiste. Il est métallifère. On lui subordonne le schiste alumineux.

Voigt remarque que les feuillets du schiste argileux sont ordinairement verticaux, tout en observant qu'on doit distinguer la direction de ses feuillets de celle de ses bancs, qui les coupent presque à angle droit.

Il est souvent traversé et accompagné de quarz.

Il est suivi par la *pierre calcaire-saline*, qui renferme souvent du mica, et par de la *serpentine*, accompagnée de talc. Elle est quelquefois mélangée de diallage-métalloïde, et surmontée ou remplacée par le gabbro ou une roche composée de jade et de diallage, qui repose de même que la serpentine sur le schiste primitif, ou lorsque celui-ci manque sur le mica-schiste.

Dans quelques contrées le gabbro repose sur le porphyre, qui est d'une formation plus ancienne que le gabbro.

La pierre calcaire-saline ou grenue appartient presque exclusivement aux montagnes primitives (10). Selon Dolomieu il n'y a point de couches entièrement composées de pierres grenues et cristallisées dans les montagnes secondaires.

Dans quelques contrées, par exemple dans la Lombardie Vénitienne, dans la Tarantaise et en Vallais, on trouve une pierre calcaire qui paroît tenir le milieu entre la pierre calcaire-saline ou grenue et la pierre calcaire-compacte, sur laquelle il

---

(10) La pierre calcaire-saline, quoique appartenant aux montagnes primitives, n'est pas entièrement étrangère aux montagnes secondaires, mais on ne trouve pas des pierres calcaires-compactes dans les montagnes primitives. De Saussures, §. 2235. Chez de Saussures les montagnes secondaires comprennent celles de transition.

est difficile de décider si elle appartient aux roches primitives ou à la transition ancienne, mais qui paroît appartenir aux premières.

D'après Brocchi et Lupin, Annales des Mines de 1816, elle est d'un blanc jaunâtre clair; sa cassure est à grain fin ou même compacte et esquilleuse; elle est translucide sur les bords, et présente dans son aspect quelque chose de *doux*, en ce que les rayons de lumière pénètrent un peu dans l'intérieur de la masse et lui donnent un certain degré de diaphanéité. Ce calcaire ne renferme point de débris de corps organisés. A Falckenstein en Tyrol et dans la Tarantaise, il contient des cristaux de feldspath, d'apparence rhomboïdale. Il paroît que le calciphyre feldspathique du col du Bon-Homme de Brongniart y appartient.

Aux roches primitives succèdent les *roches de transition*, qui offrent le *grès gris* (*grauwacke*), le *schiste de transition* et la *pierre calcaire de transition*.

On donne en général le nom de *grès gris* (*grauwacke*) à une roche composée de fragmens, surtout primitifs, réunis par un cément argileux ou schisteux.

Dans quelques contrées des Alpes il existe, comme l'a observé M^{r}. de Saussures en Suisse et M^{r}. de Fichtel dans les Monts Crapaks, des poudingues ou des grès, si non primitifs, du moins d'une formation antérieure à celle de toutes les autres pierres secondaires, §. 2319, n°. 16, qui forment le premier chaînon des roches qui suivent.

La *grauwacke proprement dite*, est, d'après Werner, un grès à fin grain, composé d'un mélange de fragmens de quarz, de beaucoup de fragmens de schiste siliceux, et même de schiste-argileux, de grandeur très-différente, mais de grandeur assez égale dans la même couche, fortement réunis par de l'argile, et quelquefois par une masse de schiste-argileux.

Le *schiste-argileux de transition*, est un schiste à chytes minces ordinairement noirâtre. Ce qui le caractérise c'est qu'il présente rarement un tissu continu, et qu'il offre une quantité de petites paillettes de mica juxta-posées, détachées à sa surface et visibles au soleil. (Il se distingue par sa propriété de faire effervescence avec les acides). Il est souvent traversé en tout sens par une quantité de veines de quarz.

On a appelé ce schiste aussi *schiste de grauwacke*, parce qu'il accompagne et alterne souvent avec le grès gris (grauwacke).

La *pierre calcaire de transition* se caractérise par sa couleur foncée ou bigarrée, et renferme souvent des petites veines de spath-calcaire.

Elle ne présente cependant pas toujours des caractères oryctognostiques propres à la distinguer de la pierre calcaire-alpine.

Elle tient souvent par ses caractères minéralogiques le milieu entre la pierre calcaire-saline ou grenue et la pierre calcaire-compacte.

Sa couleur est ordinairement grise foncée, et varie selon l'ancienneté. Celle de couleur variée à laquelle appartiennent en partie les marbres est moins ancienne que la noire. Elle contient des ammonites, des nautilites, des trochites et des entrochites.

L'ancienne ou la noire, appelée aussi *pierre calcaire des hautes Alpes*, est à l'extérieur d'un blanc jaunâtre, ou d'un brun jaunâtre très-clair, couleur dûe à l'action de l'air; intérieurement elle est d'un gris foncé, qui passe au noir grisâtre, à cassure entre concoïde et écailleuse, d'une texture qui présente un grain très-fin, plus pesante que la pierre calcaire ordinaire. Elle est peu cassante, souvent scintillante par des parties étrangères, et rude au toucher lorsqu'elle est quartzeuse.

Aux roches de transition succèdent les *roches secondaires*, dont la plus ancienne est le *grès ancien*, et le *conglomerat siliceux*.

Les principales mines de houille,

avec l'argile-chyteuse à empreintes de fougères qui les recouvre, se trouve dans le grès ancien. Il paroît que là où il se trouve il remplace le grès gris (*grauwacke*) (11).

Le conglomerat siliceux, porte en Allemagne le nom de *todtliegendes*. Il est ordinairement rougeâtre, et porte alors le nom de *grès rouge* (*roth todtliegendes*). Ses parties sont ordinairement unies par une argile-martiale. Il est représenté en Suisse par la *nagelfluh* et le grès qui lui est subposé, qui forme cette chaîne qui se trouve entre le Jura et les Alpes.

La *nagelfluh* est un conglomerat qui renferme des galets de toutes grandeurs, et souvent prodigieux; de roches primitives et secondaires anciennes, dont une partie n'existe plus en masse, mais qui ont contri-

(11) *Von Host*, dans Léonhard Taschenbuch, 1814, deuxième partie, pense que le *todtliegende* et l'ancien grès houillier, avec son argile-chyteuse, appartient à la transition, et remplace le grès gris et le schiste de transition.

bué à la former. Les galets sont unis par un cément calcaire, ordinairement greseux qui a autant de solidité que les pierres qu'il réunit.

Elle forme au côté septentrional des Alpes une chaîne continue qui s'élève jusqu'à environ 6000 pieds au-dessus de la mer, et s'étend du lac de Genève à celui de Constance et beaucoup au-delà.

Ses couches présentent le phénomène étonnant de conserver une inclinaison régulière au Sud sur une étendue de 30 lieues, sous un angle qui varie de 70 à 15 degrés, mais qui est ordinairement de 30 degrés.

Cette nagelfluh paroît reposer sur un grès ancien à gros grain, qui contient principalement des grains de quarz unis par un ciment calcaire.

La pierre calcaire qui suit la nagelfluh, et paroît reposer sur elle (12), porte le nom de *pierre cal-*

---

(12) La *nagelfluh* paroît être sous la pierre calcaire-alpine, à en juger par la disposition générale de ses couches, qui semblent s'enfoncer

caire-alpine; elle s'incline en Suisse au Sud, et doit s'incliner plus fortement que les couches de la nagelfluh (13).

---

sous elle, disposition que l'on ne peut guères expliquer en admettant qu'elle lui soit superposée. Mr. Escher croit cependant qu'elle l'est d'après l'obſervation qu'il a faite, qu'à Gersau elle repose sur elle. Il doit l'avoir consignée dans un volume du Manuel de Minéralogie de Léonard, que je n'ai pas eu occasion de voir, mais il me paroit qu'une seule observation ne peut pas décider la question, et qu'il convient de suspendre son jugement.

La nature des pierres dans la nagelfluh ne m'a pas paru être contraire à l'opinion qu'elle est subposée à la pierre calcaire-alpine.

Il se pourroit que les couches du dépôt de boudingue fussent à quelques égards à celles de la pierre calcaire-alpine des chaînes extérieures, ce que sont les couches de schiste à la pierre des chaînes intérieures intermédiaires; on voit les couches de schiste de transition au pied des chaines calcaires intérieures intermédiaires, parce que leurs couches sont indirect-tombantes, et que la calotte calcaire qui les recouvroit a été enlevée.

Il se peut que les couches de *nagelfluh* ont été déposées du côté septentrional de la dernière chaîne de pierre calcaire de transition qui existoit avant la formation de la pierre calcaire-alpine, qu'elles ont été recouvertes par la pierre calcaire-alpine, et qu'une révolution les a mis à découvert.

(13) Cette plus forte inclinaison des couches de la pierre calcaire-alpine seroit en faveur du

La *pierre calcaire-alpine* (*gryphyten-kalch de Voigt*) est grise, à cassure entre concoïde et écailleuse.

Elle est ordinairement, à l'extérieur, d'un gris de cendre ou d'un gris bleuâtre clair, intérieurement ordinairement d'un gris foncé, cassante et à cassure concoïde interrompue par des fissures.

La couleur de la pierre de ses bancs supérieurs ou les plus modernes est d'un gris sale ou terne; sa cassure est imparfaitement concoïde, et elle se rapproche beaucoup de la pierre calcaire grise du Jura. Ses couches sont plus minces que celles des bancs inférieurs, et là où elle passe à l'état de pierre calcaire du Jura, elle renferme des

---

sentiment que la *nagelfluh* est superposée, mais je n'ai point remarqué dans les endroits que j'ai eu occasion d'observer, *qu'immédiatement au-dessus* de la *nagelfluh* les couches calcaires fussent plus inclinées; mais les couches de pierre calcaire-alpine qui sont plus au Sud ont une plus forte inclinaison.

veines de silex. Selon Lupin et Brocchi, elle exhale une odeur argileuse par l'insufflation avec l'haleine. Lupin Alpina IV, pag. 159.

Les bancs supérieurs de pierre calcaire-alpine ont moins d'inclinaison que les inférieurs.

La pierre calcaire-alpine ne repose pas en Allemagne immédiatement sur le grès ancien, ou lorsque celui-ci manque sur la transition, mais sur le *schiste-marneux bitumeux* et sur le *zechstein* qui le recouvre, ou sur le *schiste puant* qui le remplace, pierres que l'on subordonne à la pierre calcaire-alpine, et qui en forment les derniers bancs.

Le schiste-marneux bitumineux paroît se lier au schiste de grauwacke, du moins la pierre calcaire des hautes Alpes repose en Suède et en Suisse immédiatement sur le schiste de grauwacke, où le *saxum cotarium* de Wallérius et les couches de pierre calcaire les plus voisines de ce schiste sont oolithiques et plus ou moins chargées de fer; elles forment la pierre à laquelle les Allemands donnent le nom de *zechstein*, qui, comme nous venons de voir, recouvre le schiste-marneux bitumineux.

Le *zechstein* qui est la pierre calcaire écailleuse de Cronstedt, est une pierre calcaire plus ou moins ferrugineuse, composée de pièces séparables, grenues à cassure feuilletée, liées par un ciment de pierre calcaire-compacte qui présente un coup d'œil argileux (14).

Cette pierre est souvent fortement chargée de fer, et présente en Suisse, en Suède et en Allemagne des couches plus ou moins riches de mine de fer oolithique, ou de mine de fer argileuse lenticulaire.

A l'exception des oolithes renfermées dans ses derniers bancs,

---

(14) J'observerai que l'on donne aussi le nom de *zechstein* à une pierre marneuse compacte, qui se trouve entre le zechstein et le schiste-marneux, ou remplace le dernier.

on ne rencontre point d'oolithes dans la pierre calcaire-alpine. La marne lui est étrangère. Des couches de *silex* et même de *jaspe*, selon Mr. de Buch, sont assez communes dans cette pierre. Elle renferme dans les vallées profondes beaucoup d'ammonites.

Le grès varié repose en Allemagne sur la pierre calcaire-alpine. Il est en Suisse tantôt sur elle, tantôt entre ses couches. Le grès verdâtre à nummulites paroît devoir lui être subordonné. Voy. Escher, notes sur Ebel, pag. 331. Il se trouve dans la pierre calcaire-alpine. Après la pierre calcaire-alpine et le grès varié vient la *pierre calcaire du Jura.*

On trouve souvent en Suisse, entre le grès et la pierre calcaire du Jura, une brèche dont les fragmens anguleux sont pour la plupart de la même nature que la couche qui leur sert de base, et liés par une pate qui est aussi de même nature. Saussures, §. 2318, n°. 5.

La pierre calcaire du Jura est

ordinairement d'un blanc grisâtre ou jaunâtre, ou d'un jaune brunâtre et de teintes plus claires que le calcaire des Alpes.

Sa cassure est ordinairement entre imparfaitement concoïde et écailleuse à fines écailles ; elle n'offre cependant rien de constant. La même montagne présente différentes variétés pour la cassure dans les couches qui la composent. *Voigt* en décrit cinq.

Elle se distingue en ce qu'elle est entièrement exempte de quarz, de silex, de pétrosilex, de jaspe, et n'en présente aucune trace, excepté dans les couches inférieures qui paroissent s'identifier avec celles de la pierre calcaire-alpine.

Elle renferme rarement des ammonites ; du moins dans ses couches supérieures. Celles que l'on trouve dans le Canton de Schaffhouse paroissent appartenir aux couches inférieures.

Les couches supérieures de la chaîne du Jura sont oolithiques, de Saussures, §. 249. Les couches les plus modernes ont deux lits de *marne* séparés par des oolithes et par des pierres calcaires coquillières, colorées en jaune, connues par cette raison sous le nom de *pierre jaune*. L'écorce du Jura, dit de Saussures, est une pierre calcaire jaunâtre, d'un tissu lâche et peu solide, rempli de pétrifications. Tom. I, pag. 282, §. 348; pag. 316, §. 392; formée de grains grossiers angulaires à facettes, qui recouvre en divers endroits la pierre grise compacte, qui forme le noyau du Jura, §§. 257, 348, 358. Sous la marne il y a une couche de strombites qui s'étend depuis Neuchâtel jusqu'à Bâle.

A la pierre calcaire du Jura succède le *grès marneux* séparé en plusieurs endroits, entr'autres près d'Arau, de la pierre calcaire du Jura par une couche marneuse renfermant de la *mine de fer en grains*.

On subordonne au *grès marneux ou à la molasse* les marnes qu'on y rencontre et le gypse fibreux ou moderne qu'elle renferme. On y voit quelques glossopètres; on y trouve des couches peu épaisses de houille recouvertes de pierre marneuse puante, renfermant des coquilles fluviatiles calcinées (15).

Ses couches sont peu inclinées et s'enfoncent au Sud-Est.

Près du Jura il y a sur le grès marneux un grès rempli de fragmens de coquilles.

La molasse paroît être recouverte sur la rive orientale du lac de Neuchâtel et le pays adjacent, entr'autres à la Tour de la Molière, montagne près d'Estavayer, sur les hauteurs entre Vuissens, Correvon, Oyens, Combremont, Chavannes, Yvonens etc., d'un grès grossier, dur, à ciment calcaire et à parties spathiques, dont on fait des pierres meulières. Il renferme

---

(15) Le gypse que l'on trouve dans les bancs de marne, qui alternent avec la molasse, n'est ordinairement que du gypse fibreux; mais on trouve aussi quelquefois du gypse compacte. Mr. Ginsberg en a trouvé dans les environs de Genève, à la montagne de Sion, près des moulins de Verny, à la gauche de la route de Lyon.

des pétrifications et surtout des glossopêtres. Voy. Histoire du Jorat par le comte Razoumovski.

En quelques endroits les couches des montagnes secondaires sont recouvertes d'une pierre calcaire très-moderne, ou de craie recouverte elle-même de couches plus modernes qui paroissent avoir été déposées dans des bassins. Avant ces couches les *neptunistes* placent les *trapps* (floez trapparten) ou les roches basaltiques, qui renferment le *basalte* et la *wacke*, mais que l'on doit placer au rang des roches volcaniques.

L'on trouve en plusieurs endroits, entr'autres du côté septentrional des Alpes, dans les différentes vallées bordées de montagnes calcaires parallèles à la chaîne centrale, des dépôts considérables de gypse salifère, sur lesquels on n'a jamais rencontré aucune des formations précédentes, mais simplement des dépôts de sable.

Outre le gypse fibreux dont il a été question, et qui est subordonné au grès marneux, on suppose trois et même quatre formations gypseuses, une primitive, une de transition, une alpine ou de gypse ancien, et une qu'on pourroit appeler du Jura, mais qui probablement est subordonnée à la précédente.

On se fonde sur ce que l'on trouve des couches étendues de gypse reposant sur le primitif, d'autres sur la transition, d'autres sur le calcaire-alpin, d'autres sur la pierre calcaire du Jura, ou alternant avec ses couches les plus supérieures.

On trouve au St. Gothard, entr'autres dans le Val-Canaria, du gypse encaissé dans le primitif; on en trouve en Vallais, dans des vallées dont les montagnes qui les bordent appartiennent à la transition ancienne; dans le District d'Aigle en Suisse, dans des vallées dont le fond appartient à la transition moderne; à Hallein, dans le Salzbourg, Ischel, Aussée, Hallstadt, au bas des montagnes de pierre calcaire-alpine, entre le Jura et les Alpes; dans le Frickthal en Suisse et à Sulz dans le Wurthemberg, dans des vallées de la chaîne du Jura.

Tels sont les faits. Nous verrons plus loin quelles conclusions on peut et on doit en tirer.

De même qu'on a du gypse qu'on subordonne à différentes formations, de même on a des houilles subordonnées a différentes formations, dont quelques-unes ont été déposées dans des bassins et présentent, en raison de la manière dont elles ont été déposées, des couches d'une inclinaison et d'une épaisseur différente dans leurs différentes parties.

Les couches de houille déposées dans des bassins, conservent une certaine pente jusqu'à une certaine profondeur, après quoi elles prennent une position qui est moins inclinée ou même dans certaines formations presque horizontale, et l'épaisseur des couches est pour l'ordinaire d'autant plus forte qu'elles approchent d'avantage de cette dernière position. C'est ce qu'on appelle le *plateur* de la mine. En suivant ce plateur, on trouve souvent que la couche se relève.

Ordinairement il y a plusieurs couches de houille les unes au-dessus des autres, séparées par une épaisseur plus ou moins considérable de couches terreuses ou pierreuses.

Après les roches secondaires viennent les roches ou terrains d'*alluvion*, les cailloux roulés, le gravier, les sables quelquefois métallifères (*seifen-baencke*), les tufs, le conglomerat tufeux, les argiles et les terrains bas renfermant des tourbes, qui sont un tissu de racines et de tiges de *sphagnum* et de bruyère, et des bois dûs à des arbres et à des forêts enfouies, changés soit en bois bitumineux, soit en houille ligneuse, soit en terre bitumineuse et alumineuse. Ils se trouvent en plusieurs endroits en quantité considérable sous la terre végétale.

Je terminerai ce qui concerne la succession des couches par le tableau de la suite que j'ai exposé, tout en observant qu'on ne peut guères établir une suite générale, parce que selon les contrées, telle ou telle roche peut manquer, et telle autre, ordinairement subordonnée, peut devenir couche principale, ou en échange une couche principale peut devenir subordonnée.

Nous n'avons pas d'ailleurs encore assez de données pour établir une suite générale. Nous ne connoissons que des suites particulières et locales, et pour les réunir il faudroit éliminer les substances qui ne forment pas des couches générales, mais ont été déposées dans des bassins; c'est ainsi, par exemple, que le grès rouge (*todtliegende*) n'appartient peut-être pas à la suite générale.

On ne doit envisager la suite que je donne, que comme un moyen de s'orienter.

Suite des couches de bas en haut.

I. Terrain primitif.
Granit, suivi
Dans quelques contrées de granit syénitique et de syénite.
Gneiss.
Mica-schiste (*glimmerschiefer*).
Dans quelques contrées, hornblende-schisteuse et porphyre.
Schiste-argileux primitif.
Pierre calcaire grenue ou saline.
Serpentine accompagnée de talc.

II. Terrain de transition.
Grès gris (*grauwacke*).
Schiste de transition et roches qui lui sont subordonnées.
Pierre calcaire de transition,
a) Noire ou pierre calcaire des hautes Alpes.
Elle se trouve quelquefois en bancs dans le schiste de transition, mais le couronne ordinairement.

b) Ordinaire grise ou bigarrée.

III. Terrain secondaire.

Grès ancien et ses houilles,??

Voyez texte.

La *nagelfluh* paroît le remplacer en Suisse.

Pierre calcaire-alpine.

a) Des bancs inférieurs.

On peut subordonner à ses derniers bancs le schiste-marneux bitumineux, le schiste-puant et le *zechstein*. Il paroît qu'ils remplacent la pierre calcaire de transition là où elle manque.

b) Des bancs supérieurs.

Grès varié.

Pierre calcaire du Jura.

Ses bancs supérieurs sont oolithiques.

Grès marneux.

Dans quelques contrées

Craie.

Pierre calcaire très-moderne.

IV. Terrain d'alluvion.

Le gypse salifère et les roches

volcaniques ne se trouvent pas dans ce tableau, vu qu'on ne peut pas leur assigner une place déterminée. Quelques neptunistes placent leurs trapps secondaires (*floez trapparten*) entre le terrain secondaire et le terrain d'alluvion.

Nous voyons dans cette suite le grès se répéter. On y voit le grès gris (grauwacke) entre le terrain primitif et le terrain de transition, le grès ancien, entre ce dernier et le terrain secondaire. Nous le voyons reparoître entre la formation de la pierre calcaire-alpine et de celle du Jura, et entre cette dernière et la pierre calcaire très-moderne.

On trouve presque toujours, comme l'a observé Mr. de Saussures, entre les dernières couches secondaires (par où il entend les couches de transition) et les premières primitives des bancs de grès ou de boudingues, §§. *594*, *595*, dont les parties sont liées (dans nos Alpes) par un gluten quartzeux, §. 699. Le passage des montagnes secondaires

secondaires aux tertiaires est aussi marqué par des couches de brèches et de grès, §. 594, et on trouve dans quelques endroits, sous la molasse, une espèce de brèche calcaire, par exemple, au Salève, §. 242.

Il existe des contrées où il s'est fait, et se fait encore au travers des couches, des éruptions de substances incandescentes. On appelle volcans les lieux où les éruptions se font ou se sont faites. On donne aux substances qu'ils ont rejetées le nom de *roches volcaniques* ou de *laves*. Elles forment un ordre séparé entièrement différent des précédentes.

Ce qui les caractérise, c'est que soit qu'elles soient simples, soit qu'elles forment des agrégés, leur pâte est simple à la vue, mais cependant composée de petits cristaux et grains vitreux, visibles à l'œil armé.

Elles sont simples, du moins en apparence, ou composées.

Les simples comprennent:

Les laves lithoïdes feldspathiques, auxquelles appartiennent le phonolithe, le graustein et la domite que l'on considéroit comme des porphyres.

Les laves lithoïdes pyroxéniques ou les basaltes.

La lave pumicée ou la pierre ponce.

La lave vitreuse feldspathique, à laquelle appartiennent l'obsidienne, le pechstein volcanique, le perlstein.

La lave vitreuse pyroxénique ou *gallinace*.

Les laves altérées, auxquelles appartiennent :

Les tufs volcaniques, le peperino.

Les trass, la pouzzolane.

Les cendres volcaniques.

Les wackes.

Les productions volcaniques composées sont, ou des brèches, ou des porphyres, ou des variolithes, ou des amygdaloïdes, ou des granitoïdes à pâte volcanique.

Les volcans en action sont dans le voisinage de la mer et paroissent communiquer avec elle. Leur éruption est souvent accompagnée de tremblemens de terre qui s'étendent au loin.

L'embrasement des mines de houille donne lieu à la formation de substances qui ont quelque analogie avec les substances volcaniques. On leur donne le nom de *roches pseudovolcaniques*.

Nous terminerons cet article par un tableau des roches composées-volcaniques. Elles forment, comme je l'ai dit, un ordre séparé, qui renferme aussi, comme les autres roches composées, des roches porphyroïdes, des amygdaloïdes et des brèches.

Division des roches ou pierres composées-volcaniques.

ROCHES VOLCANIQUES.

Elles se caractérisent en ce que, soit qu'elles soient simples, soit qu'elles forment des agrégés, leur pâte est simple à la vue, mais composée, vue à l'œil armé, de divers petits cristaux ou grains vitreux.

On peut les distinguer en,

I. Simples en apparence, qui ne présentent pas un mélange visible à l'œil nu, ou lors qu'on les considère relativement à leur pâte, lorsqu'elles sont composées.

a) Point composées de parties indistinctes vues à l'œil nu.

	dont l'élément le plus apparent à l'œil armé est
Lave lithoïde feldspathique.	Le feldspath compacte.
Lave lithoïde pyroxénique, ou basalte. Basanite.	La pyroxéne en masse.
Lave pumicée, ou pierre-ponce.	Un verre bulleux.
Lave vitreuse.	Du verre.

b) Composées de parties indistinctes vues à l'œil nu, ou à cassure terreuse.

Wacke.

Tuf volcanique.

II. Composées,

a) De parties réunies par une pâte.

Brèche volcanique.	A fragmens de lave réunis par une pâte.
Trass. . .	Réunion de petits fragmens par une lave feldspathique, tissu bulleux.
Porphyre volcanique.	A grains anguleux réunis par une pâte bien visible.
Granitoïde.	A grains anguleux réunis par une pâte peu visible.
Amygdaloïde.	A parties arrondies, séparables dans une pâte d'une nature différente.

Variolithe. A parties arrondies, point séparables dans une pâte de même nature.

b) De parties séparées et isolées.

Cendres volcaniques.

Pouzzolane.

I. FAITS.

C. *Relatifs principalement à la disposition des couches et à leur contenu.*

Les couches s'étendent souvent dans la même direction et avec la même inclinaison sur une grande étendue ; fait dont on a tiré parti dans la recherche des couches de différentes substances minérales, comme nous le verrons dans la note 16, page 58.

Elles n'ont pas toujours sous elles celles qui les suivent dans l'ordre de succession. Des couches intermédiaires peuvent manquer. C'est ainsi qu'en Suisse le vrai schiste-argileux se trouve assez rarement entre le primitif et la transition. Il en est de même du schiste marneux-bitumineux, mais il paroît être remplacé dans quelques endroits par une pierre puante, ou par une argile-bitumineuse.

Les couches des différentes roches s'élèvent à différentes hauteurs.

Les pointes des roches primitives les plus élevées des Alpes s'élèvent à une hauteur moyenne de 9000 à 10000 pieds, ou de 1500 à 1600 toises Le Mont-Blanc dépasse de beaucoup cette moyenne; sa hauteur est de 14700 pieds, ou 2450 toises.

Les couches de pierre calcaire-alpine s'élèvent aussi de 9000 à 10000 pieds. La *Jungfrau* doit même avoir 12870 pieds, ou 2130 toises de haut, et présente à cette élévation des pétrifications.

Plusieurs passages fréquentés des Alpes, qui ont en terme moyen 7000 pieds d'élévation, sont dans le schiste de transition. Celui du Gries qui s'y trouve, est élevé de 7336 pieds, ou de 1222 toises. Il paroît que le schiste de transition s'élève jusqu'à la ligne des neiges, que l'on évalue de 7500 à 8000 pieds, ou de 1250 à 1300 toises.

Les pointes les plus élevées de la nagelfluh sont de 5 à 6000 pieds.

Les plus hautes élévations de la chaîne du Jura sont au plus de 5000 pieds en terme moyen. La molasse doit atteindre sur quelques points cette élévation, mais elle ne s'élève ordinairement au plus qu'à 4000 pieds.

Les Alpes finissent ordinairement brusquement du côté du Midi, leur pente de ce côté est aussi plus rapide, et si l'on prend de part et d'autre de la chaîne, des lieux qui soient à égale distance de la cime, ceux qui, par exemple, se trouveront du côté de la Savoie, seront plus élevés que ceux qui seront du côté du Piémont; leurs escarpemens enfin sont plus considérables du côté du Midi, mais ces observations présentent nombre d'exceptions. De Saussures, §. 1300.

En Suisse, comme en Savoie et dans la partie du Tyrol que Mr. Escher a visitée, la formation primitive n'a point une pente fort rapide au côté septentrional. La Dent de Midi et la Jungfrau ont au Nord une pente douce. Alpina IV, p. 319.

Les couches présentent dans leur disposition des faits remarquables. Elles sont tantôt horizontales, tantôt inclinées, quelquefois presque verticales, et pour lors il peut arriver qu'après être devenues verticales, elles se renversent et passent ainsi dans une disposition, où des couches plus anciennes reposent sur des plus modernes, comme on le voit en traversant le St. Gothard.

Sur la pente méridionale du St. Gothard, on voit le granit adossé sur le gneuss; celui-ci sur le mica-schiste, et celui-ci sur le schiste d'hornblende. Alpina IV, pag. 290.

Les couches montent en général au Nord-Ouest, mais cette règle a ses exceptions. Alpina IV, pag. 293.

Il ne paroît pas que l'on puisse fixer d'une manière générale l'angle d'inclinaison. On a prétendu que l'angle d'inclinaison le plus général étoit celui de 60 degrés, cependant celui de 45 degrés paroît être plus fréquent.

La direction des couches varie et elle est plus ou moins en liaison avec celle des chaînes des montagnes.

Mr. de Saussures a le premier observé la généralité de ce phénomène important, que les couches observent généralement un parallèlisme avec les chaînes de montagnes qui résultent de leur assemblage, en faisant abstraction des cas rares et particuliers dans lesquels on voit ces couches s'en écarter, §. 577.

La direction la plus générale des couches en Suisse est de W S W—O N O.

Les couches des différentes formations ont, sinon des directions, du moins des inclinaisons différentes (16).

---

(16) On nomme *direction* d'une couche l'angle

Les couches des montagnes primitives s'inclinent, d'après l'observation de Mr. de Saussures, contre la chaîne centrale. § 919.

---

que forme, avec la méridienne, la ligne de son intersection avec un plan horizontal, et son *inclinaison* se détermine par l'angle que forme sa pente ou la ligne que suivroit un corps grave sur son plan avec l'horizon, et par le point cardinal qu'elle regarde.

Il suffit de connoître la position relative de trois points d'une couche, auxquels on est parvenu par le perçoir, ou d'une autre manière, pour être à même de déterminer, avec beaucoup de précision, la direction et l'inclinaison de cette couche.

Connoissant la direction et l'inclinaison d'une couche souterraine, métallique, de houille, ou aquifère, il est facile de déterminer tous les points de sa prolongation qui viennent au jour, entr'autres au moyen d'une planchette, disposée de manière à pouvoir lui donner avec facilité la direction et l'inclinaison de la couche; espèce de planchette, qui porte le nom de *stratographe*.

Ce que nous venons de dire suffit pour faire sentir combien la connoissance de la direction et de l'inclinaison des couches peut être utile dans la recherche des mines, des houilles et des sources. On entrera, dans les leçons, dans des détails pratiques à ce sujet.

L'observation de la direction et de l'inclinaison des couches, et celle de leur succession, présente des difficultés et demande que l'on fasse attention à diverses circonstances

Mr. de Saussures a signalé dans ses voyages,

Du côté septentrional des Alpes, l'inclinaison des couches primitives, au Sud-Est, est à peu près générale, et du côté méridional, celle au Nord-

---

§. 2326, les principales erreurs que l'on peut commettre, et les moyens de s'en prémunir.

On peut se tromper dans l'observation de la direction et de l'inclinaison des couches, lorsque l'on prend pour des assises et pour des délits de couches des fentes ou des fissures régulières, qui souvent en imposent.

Des fissures accidentelles, dit Mr. de Saussures, présentent souvent des apparences de couches; mais ce qui les distingue des séparations de couches, c'est que celles-ci sont constamment parallèles au tissu schisteux de la pierre, §. 2326, n°. 4.

Dans l'obſervation de la position des couches des roches composées qui renferment du mica, il faut avoir égard à la position des feuillets de mica et à leur disposition générale, qui est toujours parallèle aux couches.

On peut se tromper lorsqu'on observe les couches sur une étendue trop circonscrite, comme celle d'une galerie, ou dans les endroits qui ont subi des affaissemens, cas qui a lieu, par exemple, dans les contrées gypseuses.

Les formations différentes se distinguent en ce que la direction et l'inclinaison de leurs couches est ordinairement différente en raison des destructions qui ont eu lieu entre les époques des différentes formations. Elles se distinguent en ce qu'elles reposent sur plus d'une roche, en raison de ces mêmes destructions. Quelques formations se distinguent en ce qu'elles ont un *summum*

Ouest, est la principale. D'après Mr. de Humbolt, la direction doit être sur toute l'étendue du globe en général du Nord-Est au Sud-

---

d'élévation déterminé. C'est ainsi que le *summum* de l'élévation de la pierre calcaire du Jura est de 5000 pieds.

Lorsqu'on est en doute si une formation est ancienne ou moderne, l'inclinaison de ses couches, la constance et la répétition de cette inclinaison, le lieu où ses couches se trouvent, relativement à la chaîne centrale, peuvent souvent décider la question. Lorsque deux formations se touchent, dont l'une a les couches fortement inclinées, et l'autre à peu près horizontales, la dernière, dont les couches n'ont pas subi les accidens de la première, est plus moderne; c'est ainsi que la formation de la molasse est plus moderne que celle de la *nagelfluh*. Les roches les plus voisines de la chaîne centrale sont plus anciennes que celles qui en sont plus éloignées, en supposant que l'une et l'autre se voyent sur une certaine étendue en présentant une inclinaison de couches analogue. En général, quant aux couches qui présentent une certaine continuité, les plus éloignées de la chaine centrale sont les plus modernes, et on passe à mesure sur des couches plus anciennes en s'avançant contre la chaîne centrale, mais cette dernière règle a cependant nombre d'exceptions qui sont pour la plupart soumises à des règles dans l'exposition desquelles nous ne pouvons pas entrer. La nagelfluh, par exemple, précède, en raison de la nature de l'inclinaison de ses couches, la pierre calcaire-alpine, qui est plus moderne, et la pierre calcaire du Jura précède le grès marneux qui est

Ouest, hora 3½, ou à 53½ degrés du méridien, et l'inclinaison au Nord-Ouest, sous un angle de 60 à 80 degrés, non-seulement en

---

aussi plus moderne, dans les cinq bandes dans lesquelles la Suisse se partage géognostiquement, qui se distinguent par cinq formations différentes: la primitive, celle de pierre calcaire-alpine, celle de nagelfluh, celle de grès-marneux et celle du Jura.

Pour juger si la roche d'une montagne, plus éloignée de la chaîne centrale, est plus moderne, il faut, si la montagne présente un escarpement ou des couches indirect-tombantes, rétablir en idée, soit la calotte, soit la face qui a été enlevée, et examiner en second lieu si les couches de la montagne paroissent avoir été déposées dans un bassin. Le premier cas s'applique aux montagnes qui présentent un escarpement à couches indirect-tombantes, et ont à leur pied ou du schiste, ou des couches de conglomerat. Le second cas s'applique au grès-marneux et aussi au gypse.

Il est facile de se tromper dans l'observation de la superposition des couches. On peut prendre une formation laterale pour une principale, et regarder un dépôt fait dans un bassin pour un dépôt principal. On peut croire une couche superposée qui ne l'est qu'en apparence, soit parce que les couches se répétent, soit parce que l'observation porte sur une partie qui a glissé et n'est pas en place, soit enfin parce qu'elle porte sur des couches verticales qui se sont inclinées en sens contraire.

Des couches peuvent paroître horizontales sans

Suisse, mais en général, opinion que l'expérience ne confirme pas.

Si on distingue la transition en ancienne et en moderne, en nommant ancienne la plus voisine de la chaîne centrale, celle du Vallais par exemple, et moderne celle qui en est plus éloignée, celle du Gouvernement d'Aigle, par exemple, l'inclinaison générale des couches de transition ancienne est au Sud, et celle de la moderne paroît suivre celle des roches des montagnes qui la surmontent. On peut voir sur les caractères de la première *Brochant*, dans le Journal des Mines de 1808.

---

l'être, lorsque les couches sont coupées par un plan parallèle à la commune section du plan de ces couches avec celui de l'horizon. Il ne suffit pas de voir une montagne en face de ses escarpemens, pour prononcer sur la situation de ses couches; il faut encore l'observer de profil. De Saussures, §. 279.

Pour juger de l'inclinaison, il ne faut pas s'en rapporter au coup d'œil; des couches qui paroissent au voyageur presque verticales, ont rarement une inclinaison de plus de 50 à 60 degrés. Alpina IV, page 250. Les escarpemens qui paroissent presque perpendiculaires, n'ont souvent pas une pente qui surpasse 45 degrés. Alpina IV, page 291.

Les vraies vallées longitudinales sont parallèles à la direction des couches des montagnes qui les bordent, et sont dans une connexion étroite avec la structure de ces montagnes.

Les montagnes qui bordent les vallées (longitudinales) de nos Alpes, dit de Saussures, §. 2116, ont les plans de leurs couches parallèles à la direction de la vallée. Le Vallais en fournit un des plus beau exemples.

Les couches des montagnes qui bordent les vallées longitudinales s'inclinent tantôt de part et d'autre contre la vallée, ou s'inclinent d'un côté contre la vallée et s'enfoncent de l'autre, ou elles s'enfoncent des deux côtés de la vallée.

Elles sont disposées comme si le terrain, qui constitue la vallée, s'étoit affaissé, d'une manière uniforme, dans le premier cas et avec disruption des couches, occasionnée par l'affaissement dans les deux autres.

Dans ces deux derniers cas, les

montagnes paroissent comme si elles avoient été déchirées d'un côté. Une partie de la montagne paroît manquer et *laisser voir en face* la coupe de la partie qui paroît avoir tenu autrefois au reste de la montagne, c'est ce qu'on nomme *escarpement.*

Les montagnes secondaires des Alpes, au-dela de la chaîne du Jura, ont, d'après cette disposition des couches, un double système d'inclinaison qui paroît suivre toute la chaîne des Alpes. Celles du côté septentrional des Alpes les plus éloignées de la chaîne centrale, ont leurs couches inclinées au Sud; celles qui sont plus près de la chaîne centrale, ont leurs couches inclinées au Nord, tandis que les couches des montagnes primitives s'inclinent au Sud, du côté septentrional des Alpes.

La première chaîne la plus voisine de la centrale a ses couches inclinées au N W, et la dernière ou la plus éloignée au S. O. Alpina IV, pag. 337.

C'est une loi générale, que les montagnes secondaires, qui bordent les primitives, ont de part et d'autre leurs couches ascendantes vers elles, loi que Mr. de Saussures a vérifié sur un grand nombre de montagnes, §. 919, (17).

Les montagnes de pierre calcaire du Jura, présentent quelques particularités qui feront le sujet d'une note (18).

---

(17) Les hautes montagnes calcaires, voisines du Buet, qui bordent la chaîne centrale et le Buet lui-même, ont tous leurs escarpemens tournés contre la chaîne centrale. De Saussures, §. 536.

Les chaînes intérieures que l'on voit depuis le Mole, tournent le dos à la partie extérieure des Alpes et présentent leurs escarpemens à la chaîne centrale. De Saussures, §. 282.

Les trois chaînes extérieures qui les suivent ont leurs escarpemens qui regardent le dehors des Alpes.

On comprend, sans que j'en avertisse, que des observations de ce genre sont sujettes à des exceptions locales. De Saussures, *ibidem*.

(18) Les couches des basses montagnes du Jura sont, du côté de la plaine, presque horizontales. Une partie des montagnes plus élevées qui les suivent ont leurs couches disposées en dos d'âne. La première chaîne est dans ce cas. Ses couches sont disposées en dos d'âne, ou du moins

Les vallées transversales coupent les chaînes sous des angles plus ou moins obtus. Les couches que présentent leurs côtés, se correspon-

---

en chevron Λ. Elles sont disposées dans plusieurs autres comme si elles eussent été premièrement en dos d'âne, mais partagées ensuite en deux du haut en bas, par un plan passant au travers de toutes les couches, et qu'une partie eut glissé ou se fut affaissée; dans d'autres une partie de la montagne, savoir la partie orientale paroît avoir été enlevée, et la partie restante présente une coupe verticale de couches, ou un escarpement du côté du lac de Genève, contre lequel s'appuyent en plusieurs endroits des couches verticales ou fortement inclinées, de manière que les couches forment un lambda grec; dans d'autres, enfin, on ne voit qu'une des moitiés de la montagne, dont l'escarpement est tourné du côté du lac de Genève. Les montagnes de plusieurs vallées, enfin, présentent des escarpemens opposés, comme si la partie intermédiaire avoit été enlevée. Voyez Voyages de Mr. de Saussures, §§. 235, 238, 333—335, 339, 362, 373.

Nous n'avons pas parlé des limites du Jura, qu'il importe cependant de connoître.

D'après de Saussures, le Jura forme les chaînes de montagnes dirigées à peu près du Sud Sud-Ouest au Nord Nord-Est, à l'Orient d'une ligne qui commence à Cerdon ou à Ponçin (lieux situés sur la route de Genève à Lyon), ou même plus au Midi dans le Valromey, et qui se termine à Bâle, §. 329; et il considère le Vouache endelà du Fort de l'Ecluse, comme la dernière ramification de la partie occidentale du Jura, §. 333.

dent mutuellement dans leur direction et dans leur inclinaison, et sont ainsi disposées comme s'il y avoit eu une disruption des couches.

Les vallées transversales, du moins les étroites, présentent souvent d'un côté des angles rentrans, de l'autre des angles saillans. De Saussures, §. 577. Les vallées longitudinales ne présentent point ce phénomène.

L'entrée des vallées longitudinales est étroite. Leur sol est recouvert de galets et présente une pente douce.

La pente des vallées transversales est inégale et l'eau s'y précipite plutôt qu'elle n'y coule. Elles forment différens gradins qui provien-

---

Selon Mr. Escher, la chaîne du Jura continue à l'Occident par la Savoye, de Genève par Annecy à Chambéri et plus loin au Sud. Alpina IV, pag. 288; et toutes les chaînes à l'Orient de Jenne, entre lesquelles se trouve le lac du Bourguet, appartiennent à la chaîne du Jura, pag. 366. Le Salève, pag. 333. 367, de même que les Voirons, appartiennent, selon Mr. Escher, à la chaîne du Jura, pag. 366. A l'Orient, la chaîne du Jura continue par la Souabe et la Bavière. Voyez Manuel de minéralogie de Bernoulli.

nent des chaînes qu'elles coupent.

On remarque que les lacs sont à l'extrémité des vallées transversales.

Quelquefois les couches sont arquées et différemment fléchies, et quelquefois même rompues.

Les couches présentent en plusieurs endroits des fentes remplies de substances minérales, d'une matière différente de celle du corps de la montagne, de Saussures, §. 2315, dont la nature et la disposition indiquent qu'elles ont été déposées par cristallisation. On les appelle *filons* ou *failles*, selon qu'elles se trouvent dans des montagnes primitives ou secondaires (19).

---

(19) C'est surtout les *filons* qui présentent des substances minérales déposées par voie de cristallisation. Les *failles* renferment des dépôts mécaniques, ou en partie mécaniques et en partie chimiques.

La première de ces hypothèses paroît au premier abord la plus naturelle, mais elle n'explique pas, ce me semble, des faits que la seconde explique. Quoiqu'elles soient en apparence diamétralement opposées, on peut les réunir. Il peut

Ces fentes sont ordinairement dans une position plus ou moins inclinée.

Souvent les couches des deux

---

y avoir une action de bas en haut par des procédés de toute espèce, qui se passent sous la partie connue de la croute de notre globe, et des fentes survenues à cette croute, que nous appelons *filons*, peuvent avoir donné essor aux différentes substances réduites à l'état de vapeurs que peut fournir l'intérieur de notre globe.

Il est très-probable que pour expliquer les différens phénomènes géologiques, et surtout les dépôts métalliques, il faut avoir recours, non-seulement à un liquide chargé de différens élémens, mais encore aux substances réduites à l'état aeriforme qui ont pu se dégager de l'intérieur de notre globe, et qui, non-seulement, ont produit différentes substances que renferment nos filons, mais continuent à y opérer des changemens. Mr. Schneider est tenté de croire que toutes les substances métalliques oxidées et acidées n'ont pas été formées originairement dans les gîtes où elles se trouvent, mais sont dûes à des changemens qu'ont subi les substances originairement déposées; car sans cela elles ne se trouveroient pas uniquement dans les parties supérieures des dépôts métalliques. Léonhard Taschenbach, huitième année, seconde division. Les forces chimiques, dit Mr. Schneider, continuent à agir sans interruption, quoique plusieurs de nos géognostes nient ce fait.

Pour peu que l'on fasse attention aux différens phénomènes que présentent les dépôts métalliques, il sera aisé de voir qu'ils ne peuvent guères côtés des filons et des failles ne se correspondent pas, mais une des portions des couches séparées par les filons se présente comme si le terrain où elle se trouve se fut affaissé et eut glissé le long du plan du filon ou de la faille.

On remarque quelquefois que les couches ont été rompues et fléchies des deux côtés de la montagne dans laquelle elles se trouvent, comme si la montagne s'étoit affaissée des deux côtés sans que son milieu aie participé à cet affaissement. On en voit un exemple des plus remarquable dans les mines de houille du petit Bournard en Savoye, dont

---

s'expliquer en supposant que leurs élémens aient fait originairement partie du liquide qui recouvroit notre globe.

Si l'on considère qu'une hypothèse géogonique n'a de fondement qu'autant qu'elle explique d'une manière satisfaisante la formation des dépôts métalliques, nous sommes obligés d'avouer que nous n'avons point encore d'hypothèse géogonique satisfaisante, et que tout ce que nous savons en géogonie, se réduit, comme je l'ai dit plus haut, à de simples conjectures, la plupart très-hazardées, que l'on ne doit considérer que comme un moyen de lier plus ou moins bien les faits.

les travaux mettent dans le plus grand jour cette disposition.

Il se forme souvent, dans des terrains gypseux, des enfoncemens appelés *entonnoirs*.

Il y a des couches qui renferment des galets, comme nous l'avons vu dans l'énumération de la suite des roches, et ces couches sont quelquefois presque verticales, comme on le voit dans les couches de Poudingue de Valorsine.

On rencontre aussi, à de grandes élévations, sur le penchant des montagnes, du côté opposé aux ouvertures de vallées partant de chaînes plus élevées, des galets et de grands blocs isolés de pierres appartenant à des montagnes plus élevées.

On trouve des couches de houille soit sur le grès ancien, soit dans la pierre calcaire alpine, soit dans le grès marneux, et même des alternatives de couches de houille dans le grès.

Les couches calcaires secondaires renferment des coquillages marins

rins qui y sont ensevelis par familles, et s'y trouvent dans la même attitude que dans le sein de la mer, les univalves sur leur bouche, les bivalves sur leur valve la moins convexe.

On y trouve des pétrifications de corps marins que l'on ne retrouve plus ni dans les couches suivantes, ni dans la mer actuelle, tels que les cornes d'Ammon, les têtes de Méduse, les Nummulaires, les Bélemnites.

Les corps marins des couches secondaires modernes se rapprochent de ceux qui existent dans nos mers. Les Ammonites et les Nautilites appartiennent aux plus anciennes pétrifications (avec les Gryphites et les Coraux). Les Pectinites, Mitulites etc., à de plus modernes. Les Phacites aux plus modernes. Voyez-en la représentation dans Blumenbach Abbildungen. Vtes. Heft 40.

Les montagnes d'alluvion renferment des restes conservés d'animaux qui vivent entre les tropiques, des dents d'hippopotame, des défenses d'élephans, des cadavres même de rhinoceros. Pallas a trouvé de ces derniers en Sibérie; mais on ne rencontre jamais d'antropolithes dans les différentes couches de la croûte de notre globe.

On trouve encore dans les couches-meubles des coquillages bien conservés, en partie des Indes, d'après de Luc, Lettres à M^r. Blumenbach.

Dans plusieurs contrées l'on trouve des dépôts considérables de cailloux roulés. Il y a dans ces cailloux roulés des roches dont on ne connoît aucune montagne d'une certaine étendue, qui soit en entier de la pierre de ces roches dans toutes les montagnes qui bordent les rivières de la contrée où on les trouve, et même dans les chaînes attenantes à ces montagnes. C'est le cas de l'immense quantité de cailloux de quarz que l'on trouve accumulés dans la vallée du Rhône, entre Lyon et le Jura, jusqu'à Avignon et plus bas encore; car ces mêmes quarz font au moins les sept-huitiemes des cailloux roulés qui couvrent la grande plaine de la Crau. De Saussures, §. 1551. Les cailloux de porphyre des Emmes sont dans le même cas, §. 1960.

Les rivières amènent dans nos lacs une quantité de matériaux qui tendent à les combler; mais on remarque que, malgré l'immensité de ces matières, nos lacs ont encore de grandes profondeurs. Le lac de Genève a 950 pieds de profondeur à 800 pieds de distance de Meillerie, de Saussures, §. *44*; et ce n'est sans doute pas sa plus grande profondeur.

L'on remarque qu'il ne se forme plus de couches pierreuses, mais simplement des transports d'alluvion (20).

---

(20) Il y a cependant quelques exceptions à ce que je viens dire: qu'il ne se forme plus de couches pierreuses.

Mr. de Saussures, pour prouver que les grès ont été formés sous les eaux de la mer, nous dit, I. §. 305, pag. 248, qu'il a vu au bord de la Méditerranée, sur le Fare de Messine, auprès

L'on observe que les faces abruptes des montagnes se dégradent sans que les montagnes s'abaissent sensiblement, mais leur pente perd de sa roideur par les débris qui s'élèvent contr'elles et qui les préserve d'ultérieures dégradations. — Les pluies et les torrens sillonnent la surface de la terre et y procurent différentes dégradations.

L'on remarque enfin que les matières rejetées par les volcans sont différentes des roches que nous connoissons et se distinguent de toutes les roches connues, en ce qu'elles présentent, vues à la loupe, des petits cristaux et des petits grains vitreux.

---

du gouffre de Carybde, des sables qui sont mobiles dans le moment où les flots les amoncèlent sur les bords; mais qui, par le moyen du suc calcaire que la mer y infiltre, se durcissent graduellement, au point de servir à des pierres meulières. Ce fait est connu à Messine; on ne cesse de lever des pierres sur ces bords sans qu'elles s'épuisent, ni que le rivage s'abaisse; les vagues rejettent du sable dans les vides, et en peu d'années ce sable s'agglutine, etc., etc., etc.

II. Conclusions tirées des Faits (21).

L'ordre et la suite qui se trouvent dans nos couches, montrent que leur formation n'est pas dûe au feu; on ne peut d'ailleurs attribuer une origine ignée ni au gypse, ni au sel, ni au granit.

On doit conclure de ce qui précède, qu'un liquide contenant les élémens de nos couches, a recouvert notre globe, que les couches s'en sont séparées par cristallisation et par dépôt à la suite de la destruction d'une partie des couches formées, qu'il y a eu ainsi des époques de tranquillité et des époques d'agitation ou orageuses, comme aussi des destructions entre les différentes formations, ce qui explique leur caractère pris de la différence de direction et d'inclinaison des couches.

(21) Chacune de ces conclusions se fonde sur les faits qui précèdent, et suppose, par conséquent, qu'on se les rappelle.

Il y a eu entre les époques des formations des montagnes, d'un genre ou d'un ordre différent, des révolutions attestées par les couches de grès ou de poudingues, interposées entre les couches d'un ordre différent de montagnes. De Saussures, §. 2320, n°. 3. Révolutions qui ont opéré des destructions.

Ces destructions ont fait disparoître des couches qui n'existent plus dans nos Alpes, comme le prouve la nagelfluh qui renferme des galets de pierres, dont nos Alpes ne présentent aucune trace.

Des courans de l'ancien Océan, dans lequel les montagnes se sont formées, ont influé sur la direction et l'inclinaison des couches.

Si l'on peut trouver, dit de Saussures, une clef de la théorie de la terre, relativement à la direction des courans de l'ancien Océan, dans lequel les montagnes se sont formées, il faut la chercher dans la direction des plans des couches inclinées, qui observent généralement un parallélisme avec les chaînes de montagnes qui résultent de leur assemblage. §. 577, pag. 511.

Les couches dûes à des dépôts ont été déposées à l'état de mollesse, sans quoi elles n'auroient pas pu envelopper les coquillages qu'elles renferment.

Elles ont été déposées dans une situation à peu près horizontale, et ont changé de position dès-lors. C'est ainsi que les couches de poudingues et de coquillages pétrifiés, presque verticales, ont été nécessairement déposées horizontalement.

Les dépôts de limon qui ont formé les couches de divers schistes, des schistes houilliers, des houilles et d'autres couches qui ont été ensuite réunis par un cément calcaire, doivent avoir été déposées dans une position horizontale ou peu inclinée.

Les couches calcaires, fort inclinées sous un angle de 60 degrés et plus, et qui sont d'une épaisseur uniforme, comme, par exemple, celles d'Arc ont été nécessairement redressées depuis leur formation. De Saussures, §. 1212.

L'inclinaison des fentes ou fissures répétées qui coupent les couches des montagnes, prouve, comme l'observe M^{r}. de Saussures, §. 1049, le redressement des couches, et il montre que l'on peut déduire, de l'angle de cette inclinaison, celui que les couches formoient primitivement avec l'horizon, §. 1218.

Il est probable que les filons avoient primitivement une inclinaison plus ou moins voisine de la verticale, et coupoient les couches sous un angle qui n'étoit pas fort éloigné de l'angle droit.

Si des fentes perpendiculaires aux couches sont très-inclinées à l'horizon, on peut en conclure, dit M^{r}. de Saussures, que la montagne à changé de situation depuis la formation de ces fentes, §. 2315.

On est en droit de conclure que la mer actuelle n'est probablement que ce même liquide qui a formé nos couches, mais privé des parties les moins solubles ; qu'elle n'a commencé à être habitée que lors de la formation des montagnes de transition ; qu'elle l'étoit surtout lors de celle des montagnes secondaires.

On doit conclure des phénomènes que présentent les filons et les vallées, qu'il y a eu des disruptions et des affaissemens qui les ont produit ; que dans la formation des filons et des failles il y a eu souvent des affaissemens d'une des parties des couches séparées, fait d'où l'on tire des indices pour retrouver les filons qui viennent à se perdre, en examinant qu'elle est la partie des couches qui peut avoir glissé ; que les filons ont subi dès lors des changemens par une suite de changemens qu'ont éprouvé, dans leur position, les couches qui les renferment, comme le prouvent ceux qui présentent peu d'inclinaison.

On doit conclure que nos continens ont été autrefois le fond de la mer, comme le prouvent les pétrifications dont nos couches secondaires sont remplies; que les eaux se sont retirées par plus d'une retraite successive, et entr'autres par deux principales; que le *summum* d'élévation des différentes roches nous instruit beaucoup moins qu'on ne le pense sur l'élévation des eaux à différentes époques, car ce *summum* ne présente de différence bien tranchante, que pour la formation de la nagelfluh, de la pierre calcaire du Jura, et du grès qui la recouvre.

Les vallées transversales, du moins les étroites, sont de formation récente et ont été creusées par des rivières et des torrens depuis la retraite des eaux, ou par leur retraite même. De Saussures, §. 577.

L'observation de Bourguet sur les angles saillans et rentrans, dont on a fait un si grand bruit, est tout à fait trompeuse et n'est vraie que pour les vallées transversales, dont nous venons de parler, §. 577.

On est autorisé à conclure que les vallées longitudinales ont été formées après la formation des couches qu'elles renferment, qu'elles sont dûes à des affaissemens, et les transversales à des disruptions postérieures à la formation des premières, et qu'elles n'ont point été creusées par les eaux, car leurs débris eussent, dans ce cas, rempli nos lacs; ni produites par affaissement, car les couches que présentent leurs côtés se correspondent (22).

On peut admettre que les premières formoient des lacs, comme le prouve leur entrée étroite et leur sol couvert de galets.

On est autorisé à admettre que les vallées transversales (23) sont

(22) Elles paroissent souvent montrer à leur entrée dans les vallées longitudinales, une inclinaison de couches semblable à celle que procureroit un affaissement; mais cette apparence n'est qu'une illusion provenant de ce que la coupe des couches se présente de côté et que l'on voit un profil diagonal au lieu du vrai profil, comme l'a très-bien expliqué Mr. Escher dans son intéressant Mémoire sur l'origine des vallées.

(23) Les montagnes de grès avoisinent celles de poudingues. Les unes et les autres ont été rompues avec les mêmes circonstances, par les vallées transversales qui coupent toutes les chaî-

postérieures à la formation des couches de poudingues et de grès.

On est en droit d'admettre que le gypse et le sel ont été déposés dans des bassins qui formoient autrefois le fond de grands lacs salés, et que les entonnoirs sont dûs en partie à l'affaissement des vides occasionnés par la dissolution du sel, car toutes les eaux qui sortent des cavernes gypseuses (*kalck-schlotten*) sont salées.

Il paroît ainsi qu'il n'y a ni gypse ancien, ni gypse de transition, ni gypse primitif proprement dit (24); mais il y a eu, comme nous le ver-

---

nes de montagnes, depuis les vallées longitudinales jusques aux montagnes de grès les plus profondes, comme l'observe Mr. Escher.

(24) On regarde le gypse de Val-Canaria comme primitif, parce qu'on a vu qu'il alternoit avec du schiste micacé; mais je ne puis que confirmer ce qu'en dit de Saussures, §. 1931. " Le mica de „ ce schiste, dit-il, ne paroît pas y avoir été uni „ au gypse par une cristallisation simultanée; il „ est là par fueillets presque incohérens, qui „ séparent des couches minces d'un sédiment ar- „ gileux. Ce mica paroît donc avoir été charié „ et déposé par les eaux plutôt que cristallisé „ dans leur sein. „

rons plus bas, plusieurs formations gypseuses formées à différentes époques, dont la première est plus ancienne que la formation de la pierre calcaire du Jura, la seconde plus moderne du moins que les derniers bancs de cette pierre, et une troisième plus moderne encore.

On peut conclure que le siège des volcans est au-dessous des couches granitiques, vu que les roches volcaniques n'ont point d'analogues parmi celles qui ne le sont pas, et l'on doit supposer que les volcans ont formé de grandes cavernes par le vide résultant des matières qu'ils ont rejeté; et peut être même les volcans supposent-ils un vide pour leur siège, ou un état pulvérulent, de la matière qui les alimente, ce qui équivaudroit en partie à un vide; mais je fais abstraction de cette idée de M^r^. de Luc, qui est entièrement hypothétique.

On doit admettre que nos continens, qui étoient sous les eaux, ont été mis à découvert par des retraites successives du liquide qui les recouvroit, retraites entre lesquelles s'est formée la chaîne du Jura, dans un temps où les eaux ne recouvroient pas les hautes chaînes de pierre calcaire des Alpes; car les plus hautes élévations de la chaîne du Jura sont au plus, en terme moyen, de 5000 pieds, tandis que la pierre calcaire des hautes Alpes s'élève de 9000 à 10000 pieds, ou de 1500 à 1600 toises et au-delà.

Les eaux qui couvroient nos continens paroissent avoir subi deux retraites principales. La première laissa dans les vallées, autrefois fermées, de grands lacs salés; la seconde mit le fond de ces lacs salés à découvert. M^r^. de Saussures admet aussi deux principales révolutions, l'une qu'il appelle la grande débacle, et l'autre qui a vidé les lacs restés après la grande débacle.

Il paroît qu'outre ces deux révolutions générales, il *y* en a eu de particulières; car les eaux paroissent avoir recouvert et abandonné nos continens à plusieurs reprises, comme paroît le prouver la répétition des couches de houille et leur présence dans différentes formations; couches dont l'origine paroît dûe, selon Buffon, aux débris et résidus de ces immenses forêts et de ce nombre infini de végétaux, nés plusieurs centaines de siècles avant l'homme, et chaque jour augmentés, multipliés sans déperdition. Ils ont couvert la surface de la terre de couches limoneuses, qui, de même, ont été entraînées par les eaux et ont formé en mille et mille endroits des dépôts en couches d'une très-grande étendue sur le fond de la mer ancienne; et ce sont ces mêmes couches de matière végétale que nous retrouvons aujourd'hui et qui forment nos couches de houille. Quoique la répétition des couches de houille paroisse indiquer que nos continens ont été couverts à plusieurs reprises par les eaux, j'observerai, qu'elle peut cependant s'expliquer en partie par des alluvions et sans admettre que les eaux ayent recouvert plusieurs fois nos continens.

Une partie de nos couches de houille paroît être dûe à des tourbières enfoncées sous les eaux (25). Il paroît qu'il y a aussi des charbons de terre originaires des algues, des facus et d'autres plantes marines. Voy. de Saussures, §. 2324, n°. 37.

Il est hors de doute que la dernière époque où nos continens ont été mis à découvert ne peut pas être fort éloignée.

Si l'époque où nos continens ont été mis à découvert étoit fort éloignée et si l'état actuel de notre globe étoit aussi ancien que quelques philosophes l'ont imaginé, nos

---

(25) Mr. de Luc " trouve un grand rapport „ entre les *tourbières* et les *lits de houille*, et con- „ clut de leur ressemblance caractéristique, que „ les *lits de houille* sont des *tourbières* formées sur „ des îles dans l'ancienne mer, qui ont été mises „ tour à tour au-dessous du niveau de la mer, „ puis au-dessus. „ Abrégé de Géologie, p. 6. Mr. de Beroldingen, dans son ouvrage intitulé: Questions et doutes sur la minéralogie, attribue aussi l'origine de la houille à la tourbe. Il est du moins incontestable que plusieurs couches de houille des environs de Zurich, par exemple, sont dûes à des tourbières.

lacs seroient remplis et comblés par les débris que les rivières et les torrens y charient (26). Le lac de Genève n'auroit pas dans des endroits 950 pieds et plus de profondeur; les tourbières, les atterrissemens, les morènes des glaciers seroient plus considérables, et les blocs de pierre dont sont chargés le bas des glaciers, et qui s'accumulent à leur extrémité, seroient en bien plus grand nombre; les blocs de granit déposés sur les flancs des montagnes, que les constructions publiques et particulières et les défrichemens détruisent, seroient très-rares; nous ne trouverions pas des restes bien conservés, osse-

(26) La petite rivière de la Saala en Thuringe fournit, d'après les observations de Schober, pendant 24 heures 138,741,120 pieds cubes d'eau, qui, par un temps de pluie, charient 561,705 pieds cubes de limon, lesquels suffisent pour couvrir d'un pied de hauteur une surface quarrée de 749 pieds. Combien d'après cela doit-on présumer que les grandes rivières sont capables d'en entraîner dans l'espace de plusieurs siècles. Géographie physique de l'Encyclopédie, article Holback.

mens, squelettes etc. d'animaux qui ne vivent qu'entre les tropiques, et des coquillages marins, en partie des Indes, parfaitement conservés. Tout nous montre que la surface de notre terre, sa population, sa culture, sont, comme le remarque de Saussures, en comparaison des montagnes d'une date presque nouvelle. §. 1101. §. 625.

Plusieurs philosophes payens ont reconnu que le monde ne pouvoit pas être fort ancien, entr'autres Lucrèce qui a ce passage remarquable :

Præterea si nulla fuit genitalis origo
Terrarum et Coeli, semperque æterna fuere
Cur supra bellum Thebanum et funera Trojæ
Non alias alii quoque res cecinere Poetæ ?
Quo tot facta virum toties cecidere nec usque
Æternis famæ monimentis insita florent !

Verum ut opinor, habet novitatem summa recensque
Natura est mundi, neque dudum exordia cœpit;
Quare etiam quædam nunc artes expoliuntur
Nunc etiam augescunt....

Lucret. de rerum natura, Lib. V, v. 300 *et seq.*

“ Si le ciel et la terre n’ont pas „ eu d’origine, s’ils subsistent de „ toute éternité, pourquoi ne s’est- „ il trouvé aucun poëte pour chan- „ ter les événemens antérieurs à „ la guerre de Thèbes et à la ruine „ de Troie? Pourquoi tant de faits „ héroïques ensevelis dans l’oubli „ et exclus pour jamais des fastes „ éternels de la renommée? Je n’en „ doute pas; notre monde est nou- „ veau; il est encore dans l’enfan- „ ce, et son origine ne date pas „ de fort loin. Voilà pourquoi il y „ a des arts qu’on ne perfectionne „ et d’autres qu’on n’invente que „ d’aujourd’hui. „ Lucrèce, traduction de Gauthier, Tom. II, pag. 173.

La température de notre atmosphère a changé à cette dernière époque où nos continens ont été mis à découvert, ou depuis; car les animaux qui ne vivent qu'entre les tropiques, dont nous trouvons les restes, ont vécu où ils se trouvent actuellement. Plusieurs indices le prouvent, entr'autres la circonstance que plusieurs grandes cavernes sont remplies d'ossemens et de squelettes d'animaux qui ne vivent pas dans nos climats.

Ce qui prouve d'une manière évidente que la température a changé depuis l'époque qui a mis nos continens à découvert, c'est que des glaciers recouvrent d'immenses bancs de coquillages qui vivoient là où se trouvent leurs dépouilles, et où il y a actuellement des glaces.

Nous ignorons si la température continue à diminuer d'une manière insensible. Si elle ne diminue pas, il est probable qu'elle n'est pas parvenue tout d'un coup à ce qu'elle est actuellement, mais a changé graduellement. Il a fallu un certain temps pour que le globe perdit la chaleur qu'il avoit avant la dernière révolution, et parvint à la température qu'il a maintenant. Dans cet espace de temps, des animaux d'entre les tropiques, dont nous trouvons les ossemens et les squelettes, ont pu habiter nos contrées.

Je ne parlerai pas du cadavre de rhinoceros trouvé par Pallas en Sibérie. Nous n'avons pas assez de données pour en rien conclure.

Enfin, on doit inférer de ce que l'on ne trouve point d'*antropolithes* dans les couches qui forment la croûte de notre globe, que la terre n'a pas été habitée plusieurs fois par l'homme, et qu'il n'y a pas eu des *Præ-Adamites*.

III. Conjectures que l'on peut former.

A. *Sur la formation des couches de notre globe* (27).

Nous sommes bien éloignés d'avoir des données suffisantes pour remonter à l'histoire de la formation de notre globe.

Pour établir comme nos couches ont été formées, il faut nécessairement connoître, d'une manière certaine, l'ordre de leur succession, puisque cet ordre est dans une liaison directe avec leur formation, et nous voyons que les géognostes les plus instruits et les plus célèbres ont des sentimens diamétralement opposés sur l'ordre d'ancienneté de différentes couches, entr'autres de celles de *basalte*, de *gypse*, de *na-*

(27) Chacune des conjectures qui suivent, repose sur les faits et sur les conclusions qui ont été exposées, et suppose par conséquent, pour en sentir le fondement, que l'on se rappelle ce qui précède.

gelfluh, tout en se fondant, cependant, sur de nombreuses observations répétées sur les mêmes lieux et avec soin.

Le granit que l'on regardoit comme la plus ancienne des roches connues, doit même, selon quelques géognostes, se trouver en Norwège sur des couches très-modernes.

Si l'on peut être en doute sur l'ordre de succession de roches qui sont à notre portée, nous devons à plus forte raison rester en doute sur un fait hors de notre portée et encore bien peu observé.

Ce que nous venons de dire confirme ce que nous avons dit dans la note 16, page 58 et suivantes, sur les difficultés que présente l'observation de la succession des couches, et nous montre que nous n'avons pas encore les données nécessaires pour remonter à l'ordre dans lequel elles se sont formées. Ajoutons à ce que nous venons de dire, que nous ne connoissons, de la croûte de notre globe, que la portion la plus voisine de la surface ; car l'exploitation la plus profonde ne fait que la 6500 millième partie du rayon de la terre, et c'est cependant d'après des observations faites sur cette mince croûte que nous voulons bâtir l'édifice d'une géogonie.

Observons de plus que non-seulement nous ne connoissons pas la nature et la constitution (28) des substances contenues dans l'intérieur de notre globe, mais que nous ignorons l'influence qu'elles peuvent avoir eu dans la formation des couches et sur les différentes catastrophes qu'a éprouvé notre terre.

Cette considération me paroît mériter la plus grande attention. Elle peut fournir matière à bien des réflexions.

D'après ce que nous venons de dire, on ne doit regarder les conjectures que nous formerons, que comme

---

(28) J'entends, par *constitution*, l'état solide, fluide ou aériforme.

comme des tentatives d'explications, dont il n'y a peut-être que la plus petite partie que le temps sanctionnera. Si en les énonçant, je prends un ton affirmatif, je suis bien éloigné de les regarder comme fondées. Ce sont des conjectures souvent très-hazardées et rien de plus.

Quoique nous ne pouvons former que des conjectures, pour la plupart très-hazardées, sur l'histoire de la formation de notre globe, il peut cependant être utile, pour lier les faits et les rappeler à la mémoire, de se former à cet égard une hypothèse, pourvu qu'on se borne uniquement aux suppositions qui peuvent remplir ce but; reposent ainsi sur des faits, et qui de plus ont, si possible, un grand degré de probabilité.

Si nous essayons d'arriver à des conclusions plus générales que celles que nous avons présentées, il paroît que nous pouvons admettre qu'il existe, dans l'intérieur de notre globe, un noyau qui étoit primitivement entouré et recouvert d'un liquide, dans lequel les élémens, qui ont formé les couches, étoient tenus en dissolution à l'aide de la chaleur (29).

Par le réfroidissement successif de ce liquide, les différentes terres qu'il renfermoit se sont séparées dans un ordre inverse de celui de leur solubilité (30), par voie de cristallisation, et ont formé les ro-

---

(29) Les oolithes paroissent supposer une grande chaleur dans le liquide qui les a produit.

(30) Il paroît que les différentes terres, dont les roches sont composées, se sont précipitées, jusqu'à un certain point, dans un ordre inverse de celui de leur solubilité. Dans les premiers temps, la dissolution renfermoit de la silice, de l'alumine, de la magnésie et de la chaux. La silice, comme moins soluble, s'est séparée la première, puis successivement les autres, plus ou moins mélangées avec celles qui les suivirent.

" Dans le quarz, le feldspath et le peu de mica „ des granits les plus anciens, dit Mr. de Buch, „ la silice a visiblement une prépondérance mar- „ quée. La terre la plus indissoluble est la pre- „ mière qui a dû se précipiter à la surface régé- „ nérée du globe. Le mica l'emporte ensuite sur „ les deux principes constituans, c'est-à-dire, „ l'alumine devient plus fréquente. Le schiste- „ micacé est recouvert de serpentine, voilà la „ magnésie. Enfin, se déposent les grandes mas- „ ses calcaires, la terre la plus soluble de tou- „ tes. „

ches primitives, dont la plus ancienne que nous connoissions, est le granit; mais il y a probablement sous lui des couches d'un genre particulier, qui servent d'aliment et de base aux productions volcaniques.

Les dernières couches primitives qui se séparèrent par cristallisation, furent vraisemblablement des couches de pierre calcaire-saline.

Les courans de l'ancien Océan ont sans doute eu une très-grande influence sur la direction que prirent les couches en se cristallisant (31).

Une partie des couches formées, et surtout les dernières, furent probablement dès-lors détruites et changées en galets et en sable, auxquels nous devons les brèches et les grès les plus anciens, qui renferment souvent des roches qui ne subsistent plus.

(31) L'étude des courans peut jeter un grand jour sur la géologie, comme on peut le voir par l'histoire que Lichtenberg en donne, et par ce que Mr. de Saussures en dit.

Une partie fut changée en limon, auquel nous devons les couches des montagnes secondaires qui suivirent, et surtout celles à parties indistinctes qui se séparèrent mécaniquement, sans que cependant la cristallisation perdit entièrement ses droits.

Les couches que l'on regarde comme formées par dépôt, ont été formées, selon Mr. de Saussures, par une espèce de cristallisation, §§. 239, 340, et ce savant ne répugne pas à croire que les couches arquées et différemment fléchies, ont pu être formées dans la situation dans laquelle elles se trouvent présentement, et il pense que la cristallisation peut rendre raison de ces bizarreries, §. 475.

Ces destructions et ces reproductions se firent nécessairement dans une période orageuse.

Une partie des couches formées fut détruite dans la suite et forma les couches de poudingues et de grès moderne, qui, comme le prouve Mr. de Saussures, ont été formées sous les eaux de la mer, §§. 61, 304, 305.

Lors de la formation des montagnes secondaires, les sommets des montagnes primitives ne paroissent pas avoir été sous les eaux.

On ne trouve sur les montagnes primitives, à de grandes hauteurs, aucun débris épars de montagnes secondaires, du moins Mr. de Saussures n'en a jamais trouvé, §. 2319, n°. 13.

Toutes les substances peu solubles, que renfermoit le liquide qui recouvroit la surface de notre globe, se réparèrent ainsi successivement dans la formation des couches, et il ne resta plus dans ce liquide que les substances les plus solubles, le sulfate de chaux et le muriate de soude; ce liquide devint ainsi notre mer actuelle.

Les volcans ont formé par leurs déjections un ordre particulier de dépôts, qui doivent leur origine à une matière première, différente de celle des couches que nous connoissons. Cette matière première des laves renferme des substances combustibles. Elle brûle dans son éruption comme une matière combustible, et elle renferme du fer et du soufre. Mrs. de Luc pensent que ce n'est pas une roche, mais une bouillie liquide et aqueuse, qui est un mélange d'eau, de sel, de fer, de soufre, de silice, d'alumine etc., etc. ; le tout à l'état de poudre ou de dissolution, et que c'est dans cette boue que sont contenus les petits corps cristallisés des laves ; et Mr. Ménard, dans ses observations sur l'état du Vésuve, considère la lave comme une espèce de boue ignée. Le sable de fer oxidulé titanique, que rejettent les volcans, est une des matières premières des laves. Mr. de Luc suppose que cette vase qu'il admet s'est desséchée, et que le concours de l'eau marine est nécessaire pour exciter les fermentations que produisent les volcans. Dans l'état actuel de nos connoissances, on ne peut former aucune conjecture probable sur l'état de la matière première des laves.

On a regardé le basalte comme de formation neptunienne, c'est-à-dire, comme formé dans le sein des eaux, mais il a les caractères que nous avons assigné aux substances volcaniques, et en nombre d'endroits on observe qu'il offre tous les caractères d'une masse en état de liquidité, qui, soulevée de bas en haut, a rempli les terrains qu'il occupe de bas en haut, et non point par précipitation du haut en bas.

Là où le basalte ne recouvre pas, comme au Meisner, le terrain secondaire, il traverse de bas en haut les terrains secondaires, en formant comme des piliers, qui s'élargissent à mesure qu'ils s'enfoncent; fait remarquable observé par Mr. de Hoff en Thuringe, en Hesse, dans les environs d'Eisenach, et qui avoit déjà été indiqué par Mrs. Voigt, Sartorius et Gœnwitz. Il forme d'ailleurs des montagnes isolées, indépendantes des chaines de montagnes et des vallées principales des environs, et est accompagné de lave lithoïde pétrosiliceuse et de lave boursouflée. Voyez Annales des Mines, troisième livraison, 1817. Le même phénomène se présente en Auvergne.

III. Conjectures que l'on peut former.

B. *Sur les accidens que subirent les couches formées.*

Les volcans actuellement éteints, dont l'étendue est immense, comme l'a montré Dolomieu, et dont le siège, comme l'ont prouvé M^rs^. de Luc dans plusieurs ouvrages, est au-dessous des couches granitiques, jouèrent un très-grand rôle, produisirent des commotions considérables et des cavernes immenses, qui, par des causes que nous ignorons, paroissent s'être formées dans les directions de nos principales vallées (32). Ils eurent encore une grande influence par les modifications qu'ils apportèrent aux eaux de la mer et à l'état de l'atmosphère.

Ce qui montre la violence avec laquelle des volcans peuvent agir, c'est l'histoire de l'éruption du Vésuve qui ensevelit *Herculanum* et *Pompeja*, qui coutàt la vie à *Pline l'ancien*, et dont *Pline le jeune* donne la description dans ses *Lettres à Tacite.* C'est encore la hauteur à laquelle le Vésuve poussa la lave dans l'éruption de 1779. Elle fut poussée à une élévation trois fois plus haute que celle du Vésuve dont la hauteur est à 3700 pieds. La formation du *Montenuovo* en 1538 et l'élévation d'une île entre les Açores, dont nous parlerons plus bas,

(32) Le *comment?* est dans les plus profondes ténèbres, car comment se représenter qu'un affaissement (ou si l'on aime mieux un exhaussement) se prolonge avec une certaine régularité sur une longueur d'une vingtaine de lieues que présentent plusieurs vallées longitudinales.

sont encore des preuves de l'énergie des volcans.

C'est à ces commotions qui eurent lieu et à l'affaissement des voûtes des cavernes, que nous devons probablement la formation des filons, des vallées et la première retraite des eaux qui a mis la partie la plus élevée des premiers continens à découvert (33).

La retraite principale de eaux et le changement qu'ont éprouvé les couches jadis horizontales ou peu inclinées, qui actuellement sont fort inclinées et quelquefois presque verticales, paroît être dûe ou être du moins la suite d'un changement dans le centre de gravité de la terre. Klügel montre, dans son Encyclopédie, que la comparaison des degrés du méridien autorise à conclure un changement dans la position de l'axe de rotation de la terre. Les recherches de Klügel montrent que l'ancien équateur est plus

(33) Je n'examinerai point ici ce que peuvent être devenues les eaux qui se sont engouffrées.

au Nord que l'actuel ou, en d'autres termes, que le pôle Nord s'est approché de l'Occident (34).

Il paroît hors de doute que le centre de gravité de la terre a changé de place, car il est incontestable que les eaux ont changé de place. Si l'on considère à quelle hauteur, au-dessus du niveau actuel de la mer, et à quelle profondeur, sous son niveau, on trouve des pétrifications, et quelle immense masse d'eau a été ainsi déplacée, on sent que ce déplacement n'a pu avoir lieu sans un changement dans la position du centre de gravité, changement qui a dû être considérable (35).

Nous ignorons la cause qui a

(34) La ligne sans inclinaison ou l'équateur magnétique est aussi plus au Nord que l'équateur actuel. Annuaire publiée par le Bureau de Longitude, pour 1818.

(35) Mr. de Luc a trouvé des pétrifications à 7844 pieds au-dessus du niveau de la mer. La *Jungfrau* doit en avoir à son sommet élevé de 12870 pieds au-dessus du niveau de la mer, et on en rencontre à Whitehafen, à 2000 pieds sous son niveau actuel.

changé le centre de gravité. Il paroît que deux causes ont successivement agi pour changer sa position.

L'accumulation des dépôts des rivières et des torrens au fond de la mer, quoique, en apparence, insuffisante pour opérer un changement sensible, a pu, à la suite des siècles, devenir assez considérable pour rompre l'équilibre, comme paroît le prouver l'exemple cité plus haut des dépôts de la Sahla. Au moment où l'équilibre a été rompu, l'axe de rotation de la terre a dû changer sensiblement. Mais dans ce moment une autre cause paroît s'être jointe, le déplacement des eaux, qui est devenu une seconde cause agissante.

Ce changement dans la place du centre de gravité en a dû opérer un plus apparent que réel dans la disposition des couches.

Le centre de gravité changeant, l'horizon apparent a dû changer, et par-là, la disposition apparente des couches. Puisque l'horizon apparent est un plan perpendiculaire à la ligne tirée au centre de gravité, les couches qui étoient horizontales sont actuellement inclinées, et il paroît qu'elles montent au Nord-Ouest et s'enfoncent au Sud-Est magnétique, sous un angle d'environ 45 degrés (36).

Les couches fortement inclinées qui se dirigeoient du Nord-Est au Sud-Ouest magnetique ou dans la ligne, selon laquelle elles ont fait bascule, sont devenues verticales ou à peu près verticales (37).

---

(36) La direction et l'inclinaison des couches de houille varie comme celle des bassins dans lesquels elles ont été déposées ; mais autant qu'on en peut juger, d'après les données que l'on a, la direction générale des couches dans leur plateur est du Nord-Est au Sud-Ouest magnétique, l'inclinaison au Sud-Ouest. C'est le cas, par exemple, dans les mines de Rive, de Gier et de Tartaras.

Il paroît qu'il en est de même des couches des dépôts gypseux. Mr. Ginsberg attribue la forte inclinaison de nos couches gypseuses au changement de centre de gravité.

Les couches de nagelfluh, de même que celles de la pierre calcaire-alpine, paroissent devoir en partie leur inclinaison à la révolution qui a changé l'horizon apparent.

(37) Les couches verticales de boudingue des

Cette détermination de la direction, selon laquelle les couches ont fait bascule, et de l'angle d'inclinaison qu'ont acquis les couches horizontales, n'est qu'un à peu près. Ce n'est que par une suite d'observations que l'on pourra fixer et cette direction et cet angle avec quelque exactitude. Il nous suffit de savoir pour les conclusions que j'en tire que les couches jadis horizontales inclinent vers un point

---

Diablets et de Derbignon se dirigent du Sud-Ouest au Nord-Est. De Saussures, §. 1075. Les couches souvent verticales des montagnes secondaires, qui séparent le lac de Genève de celui de Thoun, ont leurs plans presque tous dirigés du Nord Nord-Est au Sud Sud-Ouest, soit dans la troisième heure magnétique, ou du Nord-Est au Sud-Ouest. De Saussures, §. 1666. Les couches perpendiculaires à l'horizon du Jura se dirigent du Nord Nord-Est au Sud Sud-Ouest, suivant la direction générale de cette chaîne, §. 340, ou environ dans la troisième heure du méridien magnétique. Les couches de houille presque verticales, assez communes en Ecosse, se dirigent dans la troisième heure, en s'enfonçant au Sud-Est. Les couches presque verticales gypseuses ont à Bex ordinairement cette direction et cette inclinaison.

qui n'est pas très-éloigné du Sud-Est magnétique.

Je dois observer que la grandeur de cet angle ne répugne pas à la cause que je lui assigne, car le centre de gravité paroît avoir changé plusieurs fois. Il est probable qu'il a changé et à la première retraite des eaux et à la révolution qui a vidé les lacs. Je n'examinerai point si le déluge est contemporain à cette dernière révolution. Des couches presque verticales ou fortement inclinées, se dirigeant du Nord-Est au Sud-Ouest et s'enfonçant au Nord-Est, ont pu devenir verticales et même surplombées, de manière à ce que des couches subposées paroissent actuellement superposées par le changement d'horizon.

C'est probablement à cette cause que l'on doit attribuer le phénomène qui se présente au St. Gothard, où l'on voit les couches passer de l'inclinaison direct-tombante à l'indirect-tombante, de manière à ce que le gneiss et la pierre calcaire-saline que l'on sait être superposées au granit, paroissent en quelques endroits subposées au granit.

Des couches gypseuses fort inclinées peuvent de la même manière paroître ci et là recouvertes de pierre calcaire de transition.

Dans l'explication de la position actuelle des couches, il ne faut pas perdre de vue qu'on ne doit pas adapter aux couches primitives les règles que l'on applique aux couches secondaires, parce que d'un côté la nature de leur formation est différente, et parce que d'un autre côté la position de l'axe de la terre a pu être très-différente lorsque les couches primitives se sont formées, que lorsque les couches secondaires se sont déposées.

Toutes les couches verticales ne sont pas dûes au changement du centre de gravité. La cristallisation a pu former des couches verticales, et même dans les secondaires la cristallisation a pu influer sur l'inclinaison des couches, comme l'a montré Mr. de Saussures. C'est ainsi qu'il regarde la cristallisation comme la cause des couches arquées, §. 1937.

D'autres causes peuvent avoir, ci et là, procuré le redressement des couches ; c'est ainsi que les couches presque verticales de Boudingues, de Valorsine, qui se dirigent du Sud au Nord et s'inclinent à l'Ouest, de Saussures, §. 691, paroissent devoir leur redressement à une cause locale.

Il ne faut pas non plus supposer que toutes les couches ayent changé de position. Celles qui ont été déposées à l'époque ou peu après l'époque du changement de centre de gravité, peuvent se trouver dans la même position où elles étoient lors de leur formation. Il paroît que c'est le cas des grès modernes ou marneux.

Il paroît que le changement d'horizon (du moins le dernier), qui a changé l'inclinaison des couches, a eu lieu avant la formation des vallées transversales et avant la formation du grès marneux.

Le changement d'horizon a aussi changé la direction des couches et des vallées, dont la direction n'étoit pas du Nord-Est au Sud-Ouest et qui n'étoit pas parallèle à l'intersection des deux horizons. Les couches qui se dirigeoient anciennement du Midi au Nord, se dirigent du Nord-Est Nord au Sud-Ouest Sud.

Le changement d'horizon a aussi changé l'élévation relative des chaînes des montagnes. Les chaînes extérieures de la partie septentrionale des Alpes et le Jura se sont abaissées en conservant leur direction, tandis que la chaîne centrale s'est en apparence élevée.

Le changement d'horizon peut expliquer le phénomène que présente souvent la face Sud-Est des Alpes, d'avoir une pente plus rapide et de présenter assez souvent celui, que de deux lieux, des deux côtés de la chaîne, à égale distance de la cime de la montagne, celui sur la pente Nord est le plus élevé, et d'offrir, enfin, des escarpemens au Sud plus considérables qu'au Nord.

Représentons-nous une chaîne de montagnes dans son état primitif, à couches en dos d'âne, également inclinées des deux côtés, se dirigeant du Nord-Est ou Sud-Ouest magnétique, et supposons que l'horizon change et que le plan de sa base, au lieu de rester horizontal, s'incline du Nord-Ouest au Sud-Est en s'enfonçant au Sud-Est; pour lors la pente de la face Sud-Est sera plus rapide que celle au Nord-Ouest, et les pentes offriront les phénomènes énoncés plus haut.

Les bornes de cet abrégé ne me permettent pas d'entrer dans d'ultérieurs développemens. Je les ai donnés dans un autre ouvrage.

Nos continens paroissent avoir été couverts par les eaux et mis à découvert à plusieurs reprises, comme semblent le prouver les couches de houille qui se trouvent dans plusieurs formations; mais nous ne savons rien sur la nature de ces révolutions.

Les violentes commotions qui accompagnèrent les éruptions des volcans, lorsque le liquide qui recouvroit notre globe n'étoit pas encore dépouillé de tous ses élémens peu solubles, produisirent des fentes, dans lesquelles ce liquide déposa, par voie de cristallisation, la gangue et le minérai que renferment les filons (38).

Ces commotions ont eu lieu à plusieurs époques, comme le prouvent les phénomènes que présentent les filons. Les dernières commotions formèrent les filons modernes. L'affaissement qu'une partie des couches séparées par ces fentes a subi, prouve qu'il existoit déjà des cavernes à l'époque de la formation

---

(38) Il existe deux hypothèses sur la formation des filons, celle de Mr. Werner et celle de feu Mr. Charpentier, adoptée par Mr. de Trebra. Par la première, les fentes auroient été formées et remplies par une action de haut en bas, et par la seconde, par une action de bas en haut. Voyez note 19, page 69.

des filons, ou du moins d'une partie des anciens.

Les filons étoient primitivement à peu près perpendiculaires, mais le changement de l'horizon apparent leur à donné l'inclinaison qu'ils ont. Cette inclinaison est à ce qu'il paroît au Nord-Ouest pour ceux dont la direction est du Nord-Est au Sud-Ouest.

L'affaissement du sol qui recouvroit les grandes cavernes formées par les volcans, produisit les vallées longitudinales, et par-là les montagnes qui les bordent (39), et la première retraite des eaux par où la partie la plus élevée des premiers continens fut mise à découvert. Les couches fortement inclinées des montagnes furent en partie une suite de l'affaissement des

---

(39) Mr. de Saussures pense que les montagnes recouvertes en grande partie par les eaux de l'Océan, en sortirent lorsqu'une violente secousse du globe ouvrit tout à coup de grandes cavités qui étoient vides auparavant, et dans lesquelles les eaux s'engouffrèrent. I. pag. 410.

couches qui produisit les vallées longitudinales (40).

Plusieurs couches dûrent sans doute leur inclinaison à des causes violentes et locales, mais il paroît que l'inclinaison actuelle est dûe, pour le général, au changement de

---

(40) S'il a existé de grandes cavernes, comme on ne peut pas en douter, les affaissemens que nous avons supposés sont contraires à l'idée de cavernes considérables encore existantes, et il est étonnant que Mr. de Luc, qui admet aussi les affaissemens, pense que pour que les *tremblemens de terre* puissent être produits, il faut que nos continens recouvrent de grandes *cavernes* qui communiquent entr'elles. Lettres à Mr. Blumenbach, pag. 178.

Mr. Schmidt observe dans sa physique qu'il n'est pas nécessaire d'admettre une communication non interrompue entre les cavernes souterraines, pour expliquer la grande distance à laquelle s'étendent les tremblemens de terre. Cette supposition est contraire aux observations que l'on a faites sur la densité de notre terre, et ne sert à rien dans l'explication des tremblemens de terre, car une grande étendue de cavernes souterraines affoibliroit plutôt l'effet de l'explosion que de l'augmenter. Les secousses des tremblemens de terre se propagent par des vibrations dans les parties solides et liquides de la terre à la manière du son; et plus les parties sont élastiques et plus elles ont de continuité, plus la secousse s'étend.

centre de gravité, dont nous avons parlé plus haut.

Des soulèvemens eurent sans doute aussi lieu, mais nous n'avons pas de données pour fixer jusqu'à quel point ils peuvent avoir influé sur la forme extérieure de notre globe.

C'est ainsi qu'en Septembre 1538 *Montenuovo*, près de *Poussol* (*Pozzuolo*) dans le royaume de Naples, fut élevé, dans l'espace de 48 heures, à une hauteur de 2400 pieds. C'est ainsi qu'il se forma en 1720, parmi les îles Açores près de *Terzera*, une nouvelle île.

Les eaux en se retirant par suite des affaissemens dont nous avons parlé, laissèrent dans les vallées, résultant de ces grands affaissemens, de grands lacs salés; une partie des eaux qu'ils contenoient s'évapora par suite de la température plus élevée dont jouissoit notre globe, ainsi se formèrent les grands dépôts de sulfate de chaux et de muriate de soude qui se trouvent dans les vallées élevées des Alpes.

A la révolution qui mit le fond des lacs salés à découvert, et dont nous parlerons plus bas; les couches gypseuses furent couvertes du sable qui repose sur elles.

Mr. de Saussures, en parlant des gypses de Sarraz et des plâtrières en Vallais, pense qu'ils sont de même que ceux du Mont-Cenis, d'une formation nouvelle, et qu'ils ont été déposés dans les bassins où les eaux de la mer ont séjourné après la grande débacle, §. 249, et admet ainsi, outre la grande débacle, une révolution qui a vidé les lacs.

Des destructions qui s'opérèrent dans la partie couverte par les eanx, produisirent les couches calcaires les plus modernes, telles que celles du Jura (41) et celles plus modernes

(41) La chaîne du Jura paroît avoir été formée après la première retraite des eaux qui a laissé les grands lacs salés, auxquels j'attribue la formation du sulfate de chaux et du muriate de soude qui se trouvent dans les Alpes, car les plus hautes élévations de la chaîne du Jura sont

dernes encore, du grès marneux, qui furent déposées au pied des montagnes et au fond des vallées existantes, dont les lacs de plusieurs contrées sont les restes (42).

---

au plus, en terme moyen, de 5000 pieds, tandis que la pierre calcaire-alpine s'élève de 9 à 10000 pieds, ou de 15 à 1600 toises et au-delà. La disposition presque horizontale de ses couches dans les parties basses, la pierre calcaire-alpine qui paroît reposer sous elle, à en juger parce que Mr. de Saussures et Mr. de Buch nous disent des couches inférieures du Jura, et la nature de ses pétrifications, montre qu'elle est plus moderne que la pierre calcaire-alpine, proprement dite la plus voisine, et par conséquent plus moderne que la nagelfluh.

Ce que je viens de dire sur la formation de la chaîne du Jura, ne doit être considéré que comme une conjecture très-hazardée.

Mr. Bernoulli suppose que le Jura existoit lorsque la nagelfluh et la pierre calcaire-alpine se formèrent, pag. 114 et 141 de son Manuel, à cause, à ce qu'il paroît, des disruptions que présente la chaîne du Jura; mais elle peuvent s'expliquer sans supposer cette ancienneté par la seconde retraite des eaux qui eut lieu. D'ailleurs l'absence de traces de quarz et de silex dans la pierre calcaire du Jura, prouve qu'elle est moderne.

(42) Les lacs en Suisse, d'après Escher, sont les restes d'une vallée principale extrêmement profonde, entre le Jura et les Alpes, dont les divers rameaux qui s'étendoient dans les Alpes

De nouveaux affaissemens ou un changement dans la position de l'axe de la terre, produisirent une seconde retraite qui laissa *des grands lacs salés entre le Jura et les Alpes*, dans lesquels il se forma des dépôts considérables de gypse salifère (43). On peut rap-

---

ne sont pas encore remplis des débris qu'y portent les torrens; Mr. Escher développe cette idée dans ses notes sur Ebel, pag. 348, et paroît supposer que cette vallée fut en partie remplie par des dépôts de grès marneux.

Le grès marneux a été déposé dans cette profonde vallée qui existoit entre le Jura et les Alpes, que le comte Razoumowki décrit sous le nom de bassin grèseux. C'est à ce dépôt, dans un bassin, qu'est dû ce phénomène remarquable que le grès marneux, quoique plus moderne que la chaîne du Jura, se trouve plus près qu'elle des Alpes.

(43) Mr. de la Métherie, Tome IV, pag. 496, s'exprime ainsi en parlant des lacs qui ont pu se former par la retraite des mers: " Supposons que „ lors de la retraite des eaux des mers de dessus „ les Alpes, les deux chaînes de montagnes que „ baigne le Rhône au Fort-de-l'Ecluse, ne fussent pas séparées; toutes les eaux contenues „ dans ce vaste bassin, formé par les monts Salève, les monts de Meillerie, ceux qui bordent „ des deux côtés la vallée de Sion, et, enfin, la „ chaîne du Jura n'auront pu s'écouler, et auront „ formé un lac immense, dont celui de Genève „ n'est qu'une partie. „

porter à la même cause ceux de *Hallein* dans le Salzbourg, de *Ischel*, *Aussée*, *Hallstadt*.

Le premier dépôt du gypse salifere est donc plus ancien que la formation de la pierre calcaire du Jura, le second plus moderne, du moins, que les derniers bancs de cette pierre, et il en existe un troisième plus moderne encore qui appartient au Jura.

Ce sont les dernières couches formées par cristallisation. Elles peuvent en certains endroits alterner avec quelques dépôts mécaniques, ou mécanico-chimiques modernes peu considérables, ou en être recouvertes.

Le mode de formation des dépôts de gypse salifère diffère essentiellement d'après ce que nous avons admis, de celui des autres couches, et cela doit être ainsi. Comment supposer que l'eau de la mer fut assez chargée de sulfate de chaux et de muriate de soude, pour former ces grands dépôts de gypse et de sel, sans admettre une diminution du liquide qui tenoit ces substances en dissolution, d'ailleurs cette diminution est prouvée jusqu'à l'évidence par la formation du gypse anhydre.

Nous voyons par le tissu du gypse anhydre qu'il est le résultat d'une cristallisation confuse. La chimie nous apprend que lorsqu'un sulfate se trouve en dissolution dans l'eau, ce sulfate se sépare à l'état anhydre, dès que, par l'évaporation, l'eau diminue au point de ne pouvoir pas tenir tout le sulfate en dissolution à l'état hydrique, et que le sulfate se sépare sous la forme d'une cristallisation confuse, lorsque l'évaporation se fait lentement.

Après la formation des dépôts de sulfate de chaux et de muriate de soude, qui eut lieu par l'évaporation d'une partie de l'eau de ces lacs enfermés de toute part et n'ayant aucune issue, à en juger par la forme actuelle de l'embouchure des vallées, il se fit des disruptions, qui d'un côté donnèrent naissance aux vallées transversales, et à leurs angles saillans et rentrans, dont il a été question plus haut, et qui, d'un autre côté, procurèrent l'écoulement brusque des lacs des vallées longitudinales, et occasionnèrent ce que M^{r}. de Saussures appelle la grande débacle, par laquelle les cailloux qui se trouvent sur le flanc des montagnes opposées à l'embouchure de ces vallées y furent transportés (44).

M^{r}. de Saussures attribue l'origine de ces dépôts considérables de cailloux roulés, qui renferment des roches qu'on ne retrouve pas dans les montagnes des environs, dont nous avons parlé plus haut, à la grande débacle qu'a produit la retraite des eaux, §. 1960 (45).

---

(44) Mr. de Luc l'attribue à l'action des fluides expansibles que l'affaissement des couches et l'engouffrement des eaux fit sortir du fond des cavernes. Lettres à Mr. Blumenbach, page 183.

Mr. de Buch présume qu'ils ont été lancés par des explosions souterraines. Mr. de Saussures prouve que l'on ne peut pas admettre d'autre cause que celle des eaux, §. 227, et expose son explication aux §§. 210, 215.

(45) L'écoulement qui vient d'avoir lieu du

Les causes qui amenèrent cette disruption opérèrent des changemens dans la disposition des couches des grands dépôts de gypse salifère, et leur donnèrent la grande inclinaison qu'elles ont.

Mr. de Saussures pense que la grande débacle qu'a produit la retraite des eaux du grand Océan, a dirigé son cours du Nord au Midi dans la partie septentrionale de l'Europe, §. 1960, et il croit que les eaux se sont versées lors de cette grande débacle avec égale impétuosité, et ont agi avec une égale furie des deux côtés de la chaîne des Alpes, §§. 319, 971, 977 et suivans.

La grande débacle, dit-il, qu'a produit la retraite générale des eaux du grand Océan, a dirigé son

---

lac de Getro, qui s'étoit formé au haut de la vallée de Bagne par la chute d'énormes blocs de glace qui avoient interrompu le cours de la Drance, nous montre par le gravier et les blocs de granit qu'il a transporté, ce qu'a pu produire l'écoulement subit des lacs des vallées longitudinales.

cours du Nord au Midi dans nos contrées, et c'est dans cette direction combinée avec celle que déterminoient les pentes des hautes montagnes, qu'il faut chercher l'origine des cailloux que l'on rencontre dans les plaines de la Suisse, lors au moins que cette direction n'est pas barrée par quelque haute montagne dont la formation soit antérieure à celle de la débacle, §. 1960.

La situation et la nature des promontoires et des îles paroît indiquer à Klügel qu'il y a eu un courant de la mer du Midi au Nord. Il suppose que lors que les eaux changèrent de place, le centre de gravité de la terre fut changé, et par-là l'axe de rotation, et la mer eut par-là un mouvement du Nord au Midi, en refluant du Midi au Nord, et lorsque l'équilibre fut rétabli, nos continens parurent.

Les torrens et l'action destructive de l'atmosphère élargirent dans la suite la brèche causée par la disruption des chaînes qui forma les vallées transversales, comme l'a développé Mr. Escher.

L'écoulement brusque des lacs procura, selon Délius, si je ne me trompe, l'élargissement que l'on observe pour le général dans les vallées, lorsqu'elles débouchent dans la plaine.

La retraite des eaux, occasionnée soit par le simple effet de cette débacle, soit en même temps par des affaissemens qui l'accompagnèrent, mit les continens dans l'état où ils étoient avant le déluge. Ils furent alors peuplés par des animaux et par l'homme. J'appellerai ces continens, *continens antidiluviens.*

A l'époque du déluge il y eut une révolution, par laquelle la partie de la terre habitée fut couverte par la mer, et ont peut conjecturer que le déluge fut partiel et ne s'étendit pas sur tous les continens, ou du moins, ne les submergea pas en entier, puisque Noë aborda à la sortie de l'arche sur un continent couvert d'animaux et de verdure (46).

J'appellerai *continens postdiluviens*, les continens existans après le déluge.

Nous ignorons quelle a été la cause du déluge et à quelle époque précise il a eu lieu, si c'est à l'époque ou après l'époque où les vallées transversales ont été ouvertes.

Quelques auteurs pensent qu'a-

---

(46) La partie habitée a pu être recouverte sans qu'il y ait eu augmentation dans la masse des eaux, car le niveau de la mer a pu être élevé sur quelque portion de la terre sans que, pour cela, la quantité d'eau qui recouvroit la terre fut plus grande, comme l'observe Mr. Escher dans ses notes sur Ebel, pag. 400.

Mr. de Luc pense qu'à l'époque du déluge la mer changea de place, mit sous l'eau les continens existans, à l'exception de leurs parties les plus élevées, qui y formèrent des îles, et nous verrons à l'article du changement de température comment il explique la manière dont nos continens actuels furent mis à découvert.

Klügel suppose qu'au déluge deux grands continens dans la mer d'Asie, dont les iles nombreuses sont les restes, s'enfoncèrent et furent remplacés par les eaux qui recouvroient les continens actuels.

vant cette époque, l'année étoit de 360 jours. Voyez la note 48.

Quoiqu'il en soit, il paroît que les continens jouissoient auparavant d'une température bien différente, qu'elle a changé à cette époque, peut-être par l'effet de la cause qui a occasionné le déluge, et qu'elle a diminué dès-lors graduellement, car il faut que les éléphans et les rhinoceros ayent vécus long-temps après le déluge sur les terrains où l'on trouve leurs dépouilles, pour que nous puissions y trouver de leurs restes aussi bien conservés. L'existence même des glaciers qui recouvrent actuellement d'immenses bancs de coquillages fossiles, prouve que depuis la retraite des eaux, la température a changé.

Pour expliquer le changement de température, Mr. de Luc suppose qu'à l'époque du déluge, la mer changea de place, mit sous l'eau les continens existans, à l'exception de leurs parties les plus élevées, et admet que la mer s'abaissa beaucoup et que son lit mis ainsi à découvert, forma nos continens actuels.

Cet abaissement qu'il suppose, influa sur la nature et la température de l'atmosphère, parce que l'air s'abaissa avec la mer, et les anciennes îles de celle-ci, devenant alors les sommets des montagnes, furent situées dans une région moins chaude de l'atmosphère.

Une observation de M[r]. Jean André de Luc, fils de feu G. A. D., consignée dans les Notices de la Société Helvétique d'histoire naturelle, vient à l'appui de cette opinion. Il montre que la principale cause du peu de chaleur de notre climat, est notre élévation au-dessus du niveau de la mer, et observe qu'à chaque 600 pieds que l'on s'élève au-dessus du niveau de la mer, le thermomètre s'abaisse d'un degré (47).

---

(47) La hauteur répondant à la diminution d'un degré de Réaumur dans la température, est selon Mr. de Humbolt, en terme moyen de 121,1 toises, ou de 726,6 pieds; hauteur qui est plus grande dans les régions supérieures, plus petite

Si a chaque degré que l'atmosphère s'abaisse, la température diminue d'un degré, l'abaissement qui a eu lieu à la retraite des eaux, a pu procurer le changement de température qui a eu lieu (48).

---

dans les inférieures. D'après Mr. de Saussures, elle est de 90 à 100 toises.

(48) D'autres attribuent le changement de température à quelque changement arrivé à notre globe, soit dans son mouvement de *rotation*, soit dans la position de ses pôles et même dans l'inclinaison de son *axe* sur le plan de son orbite, comme de Luc lui-même le soupçonnoit dans ses Lettres à Mr. Blumenbach.

Il nous montre que les changemens qu'a subi notre globe, ont dû changer son centre de gravité; et les traditions des anciens peuples, qui, comme Bally l'a prouvé, ont une origine antérieure à ces peuples eux-mêmes, et ne peuvent procéder, comme l'a montré de Luc, que de Noé, nous prouvent que la révolution de la terre autour du soleil étoit différente de ce qu'elle est actuellement. L'année, comme l'a fait voir *Clemm* dans son Examen des temps, avoit avant le déluge 360 jours. Les années de 360 jours des anciens peuples et des anciens Juifs en particulier, appuyent cette opinion, de même que les cycles des Indiens.

Burnet, dans sa géogonie, pense qu'avant le déluge, l'écliptique ne faisoit point d'angle avec l'équateur, ce qui devoit rendre la température plus élevée; et Whiston fait aggrandir, par le choc d'une comète, l'orbite elliptique de la terre,

Le changement de température a dû en produire sur la surface de notre globe.

Par ce changement les végétaux et les animaux, qui ne purent s'habituer au nouveau climat, périrent, ce qui explique pourquoi chaque contrée a des animaux et des végétaux qui lui sont propres.

Par ce même changement de température les glaciers commencèrent à se former, les glaces à s'accumuler aux pôles, et la température diminua insensiblement jusqu'à-ce que la terre eut perdu l'excès de chaleur qu'elle possédoit au-dessus de celle dont elle jouit maintenant.

Quelques géologues croient que la température continue à diminuer, mais d'une manière peu sensible, et que cette diminution seroit plus sensible, si les progrès de la culture ne la retardoient pas; mais il y a de forts argumens en fa-

---

de manière à ce qu'elle met actuellement 365 jours, 5 heures, 49 minutes pour la parcourir, au lieu de 360 qu'elle employoit.

veur de l'opinion contraire (49).

Gensanne, d'Aubuisson et Mr. de Trebra ont trouvé que la chaleur des souterrains augmentoit à mesure que l'on descendoit dans la

---

(49) Il ne paroît pas que la température diminue. Toutes les températures décrites, comme celle de l'Allemagne par Tacite, des Gaules par César, de la Grèce par Plutarque, de la Thrace par Xénophon, sont précisément les mêmes aujourd'hui, que de leur temps, dit Bernardin de St. Pierre. Le livre de l'arabe Job, dit-il, que l'on croit être plus ancien que Moïse, lequel contient des connoissances de la nature beaucoup plus profondes qu'on ne le pense, et dont les plus communes nous étoient inconnues il y a deux siècles; parle fréquemment de la chute de la neige dans son pays, qui étoit vers le trentième degré de latitude Nord. Le mont Liban porte dans la plus haute antiquité le nom arabe de *Liban*, qui signifie blanc, à cause des neiges dont son sommet est couvert en tout temps. Homère rapporte qu'il neigeoit à Ithaque quand Ulisse y arriva, ce qui l'obligea d'emprunter un manteau du bon Eumée. Si depuis trois mille ans et davantage, le froid eut été chaque année en croissant dans tous ces climats, il devroit y être aujourd'hui aussi long et aussi rude que dans le Groenland. Mais le Liban et les hautes provinces de l'Asie ont conservé la même température. La petite île d'Ithaque se couvre en hiver de frimats, et elle porte, comme du temps de Télémaque, des lauriers et des oliviers. Etudes de la nature, Tom. I, page 263.

profondeur. Voy. Annales des Mines, Tom. I, 1816. Mais on ignore si ce phénomène n'est pas local.

De Saussures attribue la chaleur des souterrains à des minéraux susceptibles de fermentation, et ce sentiment paroît très-probable.

La température des lacs et de la mer diminue dans la profondeur, comme le prouvent, pour les lacs, les observations de de Saussures, et pour la mer, celles de Forster, Irvine, de Humboldt et de Peron. Elle est de plusieurs degrés en-dessous du tempéré, ce qui est contraire à l'idée d'un feu central, et à celle d'une température moyenne, attribuée à la masse entière du globe. La température de certains souterrains, d'où il sort des airs froids, est aussi en-dessous du tempéré. De Saussures, §. 1412.

Depuis l'époque du déluge il n'y a plus de changemens considérables sur notre globe.

La mer ne tenant actuellement en dissolution qu'une petite quantité de sulfate de chaux et de muriate de soude, il ne se forme plus de couches.

Les pluies, les torrens sillonnent sans doute nos terres, et les rivières forment des atterrissemens, mais il ne se produit plus que des terrains d'alluvion, dont l'accroissement n'est pas très-considérable.

La mer ne change point de place et conserve son niveau. Les ports de mer, et Venise en particulier le prouvent. Cette ville n'est pas élevée d'un pouce de plus ou de moins au-dessus du niveau de la mer qu'il y a mille ans (50).

On a élevé la question si l'eau diminuoit sur la terre? Il ne le pa-

---

(50) Les ports de Marseille, de Carthage, de Malte, de Rhode, de Cadix etc., sont encore fréquentés, dit Bernardin de St. Pierre, des navigateurs comme ils l'étoient dans la plus haute antiquité. La Méditerranée n'eut pu baisser dans un seul point de ses rivages, qu'elle ne se fut abaissée dans tous les autres; car les eaux se mettent toujours de niveau dans un bassin..... Si on trouve, quelque part, des plages abandonnées, ce n'est point la mer qui se retire, c'est la terre qui avance. Ce sont des alluvions........ Etudes de la nature, Tom. I, page 151.

roît pas d'après ce que nous venons de dire, car si les eaux diminuoient, leur niveau s'abaisseroit; on ne peut cependant rien dire de positif à cet égard.

La révolution qui a mis nos continens à découvert, les a mis à nu, comme l'observe Blumenbach, d'une manière brusque; car les coquillages se trouvent généralement dans une disposition qui exclut toute idée de dérangement.

La mer, dit Mr. de Luc, ne s'est pas retirée lentement. " Elle a „ abandonné *nos terres* dans une „ seule révolution, depuis laquelle „ elle n'a pas changé sensiblement „ de *niveau*, circonstance si évi„ dente que Mr. de Dolomieu s'é„ tonne qu'on ne l'ait pas reconnu „ plutôt, puisqu'on peut la lire par„ tout sur nos *continens*, et que „ par elle seule toute idée de re„ traite *lente* de la mer de dessus „ nos terres, par quelle cause que „ ce soit auroit été écartée. „ De Luc, Lettres à Mr. Blumenbach, page 55. Mr. Escher observe que si l'on veut admettre que la mer a changé de place, il faudroit prouver que là où il y a mer, il y avoit continent. Observations sur Ebel, page 387. On sent qu'il n'est pas ici question des effets que peuvent produire les atterrissemens qui sont d'ailleurs inverses, puisque par leur moyen il y a continent où il y avoit mer.

Ce que je viens de dire montre combien est erronnée l'opinion de ceux qui pensent que la mer change de place, abandonne insensiblement des terrains pour en couvrir d'autres, et a formé ainsi les continens existans par un mouvement d'Orient et Occident, et que la mer détruit sans cesse à l'Orient et édifie à l'Occident, opinion si victorieusement réfutée par M[r]. de Luc, et qui a fait dire plaisamment à Voltaire :

> Les mers des Indes sont encore étonnées
> D'avoir formé les Pyrénées.

Quant au rapport d'ancienneté entre les vallées et les couches, il paroît que l'on peut admettre que les vallées longitudinales sont postérieures à la formation des anciennes couches secondaires, mais antérieures à la formation du grès marneux, qui elle-même est antérieure à celle des vallées transversales.

III. Conjectures que l'on peut former.

C. *Sur les accidens que subirent les animaux marins.*

Pour ne pas interrompre le fil de ce que j'avois à dire, je n'ai point parlé des catastrophes qu'ont subi les animaux marins que renferment nos couches.

La mer commença à être habitée à la formation des montagnes de transition, et étoit abondamment peuplée lors de la formation des couches calcaires secondaires, savoir: d'animaux dont les espèces, en grande partie, n'existent plus.

A l'époque, sans doute, où les volcans, actuellement éteints, exercèrent leur action, les animaux périrent et sont restés ensevelis dans le limon, qui dès-lors, en se durcissant, a formé nos couches calcaires, mises ensuite à nu par la retraite des eaux, ce qu'avoit déjà remarqué PYTHAGORE, car OVIDE l'introduit en disant :

Vidi factas ex aequore terras,
Et procul a pelago conchæ jacuere marinæ.

Mr. Blumenbach croit que ces couches ont été mises à sec par l'action du feu. " D'après toutes „ les données cosmogéniques com- „ parées ensemble, dit-il, elles pa- „ roissent, selon toutes les proba- „ bilités, avoir été subitement mises „ à sec et desséchées par un incen- „ die général de la terre. „ Manuel d'histoire naturelle.

Cette opinion ne me paroît pas probable.

Lorsque la mer redevint propre à être habitée, elle le fut par les animaux marins actuellement existans.

III. Conjectures que l'on peut former.

D. *Sur l'état originaire de notre globe. Hypothèse de Mr. de Luc.*

Je termine ces conjectures en observant que nous ne pouvons guères remonter plus haut, qu'au temps où notre globe étoit recouvert d'un liquide où se sont formées les couches granitiques. Chercher ce qu'il a été originairement, et quelle est la nature de son noyau, est une entreprise dans laquelle ont échoué toutes les géogonies.

Je ne ferai pas mention des différentes hypothèses que l'on a imaginées à ce sujet. La seule liste de leurs auteurs et du titre de leurs ouvrages, occuperoit nombre de pages. Celle que Lichtenberg en donne, en occupe 20.

Je me bornerai à donner une idée de celle à laquelle a été conduit M[r]. de Luc, en remontant aux premières causes physiques et en réfléchissant sur la matière première des laves.

Mr. de Luc, en recherchant de quelle manière les *causes physiques*, qui agissent maintenant sur notre globe, devoient avoir agi sur les substances qui composent nos *continens* pour les amener à l'état où nous les voyons, état qui doit certainement avoir eu un *commencement*, arriva à la conclusion, que les *rayons du soleil* ne sont pas une *cause immédiate de chaleur ;* qu'ils doivent s'unir, soit en passant dans l'atmosphère, soit en tombant sur les corps *opaques*, avec quelque substance qui change leur nature et les transforme en un autre *fluide ;* savoir : le *fluide igné* ou le *feu*, qui est la cause immédiate de la *chaleur*, c'est-à-dire, de l'*expansion* des corps qu'il pénétre. Il en conclut, comme l'a prouvé dès-lors de Saussures, que les *rayons du soleil* ne sont pas *calorifiques* par eux-mêmes, et que quoique la *lumière* soit une substance qui possède des *affinités* essentielles à toutes les opérations qui ont eu lieu sur notre globe, elle ne pouvoit avoir produit le *commencement* de ces opérations sans être unie avec la substance qui la convertit en *feu* (51).

---

(51) Lichtenberg présente l'opinion de Mr. de Luc sur le feu d'une manière qui, ce me semble, la fait mieux ressortir. Voici comme il s'exprime :

Personne ne doute que la plus grande partie de la chaleur sur la terre ne vienne des rayons du soleil. L'on ne doit cependant pas croire que le soleil même soit l'origine de la chaleur et qu'il nous l'envoye avec ses rayons. Il ne l'est pas ; ses rayons ne sont que des rayons de lumière et non des rayons de chaleur. Mais ils sont le moyen par lequel la chaleur naît et devient sensible. Il y a dans, sur et au-dessus de notre terre une matière qui ne devient calorique que par le concours des rayons de lumière. Avant leur concours elle se trouve liée et dans un état latent, mais elle est dégagée et devient libre par leur action. Il en est de la formation du calorique à peu près comme de la formation de la vapeur. Quel feu que l'on donne, il ne peut point se former de vapeur sans eau. De même il ne peut jamais se produire de chaleur, qu'elle grande que soit la quantité des rayons solaires sans une certaine matière sur notre terre qui doit être premièrement dégagée. De Luc nomme cette certaine matière *fluide igné*, *matière de feu*, et de son union avec la matière de la lumière résulte le calorique. La lumière, dit de Luc, est un agent incapable par lui-même de réchauffer les corps, mais qui met

Nous ne pouvons, dit-il, déterminer une époque plus précise du *commencement* des opérations sur notre globe, puisque nous savons que le *feu* est absolument nécessaire à la *liquidité* dans les substances qui en sont susceptibles, telles, par exemple, que la substance de l'*eau*, et que, sans la *liquidité*, il ne pouvoit y avoir aucune *combinaison chimique* dans les substances dont la terre étoit originairement composée.

Nous pouvons décider aussi, que, dès

---

en mouvement le fluide igné qu'ils renferment. En admettant cette hypothèse, nombre de phénomènes de la nature sont clairs et compréhensibles. C'est ainsi, par exemple, que l'on comprend tout de suite pourquoi il fait plus froid sur de hautes montagnes que dans les vallées, quoiqu'il semble que le contraire devroit avoir lieu, etc., etc.

La chaleur ne dépend des rayons, qu'en tant qu'ils deviennent moyen du dégagement de la matière du feu.

De Luc a prouvé dans son Introduction à la physique, que la *lumière*, comme *substance*, entre dans la composition de tous les *fluides atmosphériques*, et qu'elle est la première cause de leur *expansibilité*.

dès que la *liquidité* exista sur notre globe, toutes les opérations qui ont produit son état présent, dûrent commencer et continuer sans aucune interruption.

Mr. de Luc place ainsi le *commencement* de tous les phénomènes géologiques à l'époque où la *liquidité* fut produite dans les substances dont la terre étoit originairement composée.

Après ces préliminaires, nécessaires pour l'intelligence de l'hypothèse de Mr. de Luc et nécessaires pour comprendre l'explication qu'il donne de la narration de Moïse, nous exposerons en peu de mots son hypothèse.

Mr. de Luc suppose que notre globe a été originairement composé de *pulviscules* sans cohérence qui renfermoient les principes de l'eau auxquels la lumière procura la liquidité, qui, en pénétrant la surface des pulviscules, forma une croûte épaisse de vase recouverte de liquide, d'où se séparèrent les couches de granit et les autres couches reposant sur la couche de vase, qui, elle-même reposoit sur les *pulviscules*. De l'eau qui s'étoit introduite dans les pulviscules avoit formé de grandes masses concrétes qui servoient comme de piliers et soutenoient la voûte. Cette croûte se rompit, format des affaissemens et les continens *antidiluviens* furent mis à sec. Des piliers qui s'écroulèrent, formèrent de nouveaux affaissemens dans lesquels la mer se rendit, affaissemens qui mirent les continens actuels ou *postdiluviens à sec*.

Je n'ai présenté que le squelette de l'hypothèse de Mr. de Luc. Il faut en voir le développement dans ses ouvrages. Elle mérite d'autant plus d'être examinée, que Blumenbach et Lichtenberg la regardent comme la plus philosophique des hypothèses formées sur la formation de notre globe. La lecture des nombreux ouvrages de Mr. de Luc peut paroître fastidieuse, mais ils renferment beaucoup de faits intéressans épars. On trouve la liste de ses différens ouvrages dans la préface de son Abrégé de géologie.

APPENDICE.

Conformité des Conclusions

Tirées des faits et des conjectures exposées avec la Révélation.

“ Si la vérité de la Révélation „ est incontestable, toute *géogonie* „ doit, non-seulement être d'accord avec la Révélation, mais „ tirer d'elle ses principes.

„ Le géologue est par-là même „ tenu de montrer qu'il n'admet „ rien que de conforme à l'écriture. „ (52).

Il importe d'autant plus de montrer la conformité de la révélation avec l'histoire de notre globe, que

(52) De Luc.

plusieurs géologues et plusieurs auteurs, qui ont écrit sur la géologie, traitent plus ou moins ouvertement la révélation de fable, et que rien n'est plus propre à faire naître des doutes sur la vérité de la religion, que des assertions qui paroissent reposer sur des faits et sont soutenues par des savans distingués, qui paroissent être juges compétens.

Nous avons admis que les continens avoient été couverts par les eaux avant de servir d'habitation aux animaux et à l'homme, et qu'après être sortis des eaux et avoir été habités, ils furent de nouveau recouverts par la mer, ce qui est d'accord avec l'écriture. St. Pierre nous dit, que la terre fut tirée de l'eau et subsistoit parmi l'eau, qu'elle fut habitée, *mais que le monde d'alors* périt par les eaux du déluge. Epitre de St. Pierre, Chap. III, v. 5, 6.

Nous avons admis que nos continens ne sont pas anciens, et nous devons faire voir qu'ils ne sont pas plus anciens que ne l'indique la chronologie de Moïse, d'après laquelle on compte 1656 ans du premier homme au déluge, et delà à nous 4096 ans.

Les dépôts des grands fleuves, leurs attérissemens, dont l'origine date du terme où les rivières commencèrent à charier du limon à la mer et la mer à pousser le sable de son fond vers ses nouveaux bords, seroient bien plus considérables; les dégradations des montagnes coupées à pic seroient probablement bien plus grandes, nos lacs seroient comblés par les débris qui y entrent, l'accroissement des tourbières seroit bien plus grand, et les blocs que les glaciers amènent annuellement dans les vallées couvriroient une plus grande partie des vallées, si l'époque, dont nous parlons, étoit fort ancienne, ce qui confirme pleinement la chronologie sacrée. Enfin, nous ne trouverions pas des restes conservés d'animaux qui ne vivent que sous les tropiques, et qui vivoient dans nos climats, si la révolution qui a changé les climats étoit d'une très-grande ancienneté.

Non-seulement, les différens faits que j'ai allégués indiquent une époque qui ne va pas au-delà de 4000 ans, mais sembleroit même indiquer que cette époque est de beaucoup plus rapprochée; mais il faut remarquer que le commencement de ces faits est beaucoup plus récent, et que le commencement sensible des autres, date aussi d'une époque beaucoup plus rapprochée.

C'est ainsi que les fleuves ont commencé tard à former des atterrissemens, puisqu'ils n'étoient pas ce qu'ils sont lorsque les glaciers commencèrent à se former, et que d'ailleurs ils commencèrent à garnir leur lit avant de former des atterrissemens.

C'est ainsi que la diminution de la température ayant été graduelle, l'époque où l'éléphant et le rhinocéros abandonnèrent nos climats est bien plus récente que celle de la révolution qui a changé nos climats.

Non-seulement nous devons prouver que nos continens ne sont pas plus anciens que ne nous l'indique la chronologie de Moïse, mais nous devons encore montrer que nous n'avons rien admis de contraire à la narration de Moïse.

Nous avons admis comme conjecture probable que, par une révolution, la mer avoit recouvert la partie des continens habités par l'homme, et que les autres parties des continens *antidiluviens* ne furent point submergées, du moins entièrement, par conséquent restèrent couvertes de verdure et habitées par des animaux, et que l'une de ces parties servit de première demeure à l'homme après cette révolution.

Nous avons enfin admis que la température avoit changé, et nous avons supposé que par ce changement, soit les végétaux, soit les animaux qui demandent pour prospérer des climats différens de celui où ils se trouvèrent, périrent à mesure que la température baissa, et que par-là, chaque climat avoit ses végétaux et ses animaux.

" La révélation, dit Mr. de Luc,
„ nous apprend que l'arche fut
„ portée sur le mont *Ararat*, que
„ ce mont se trouvoit au milieu des
„ eaux et étoit alors une île dans
„ la mer, qu'il y croissoit des oli-
„ viers, dont la colombe rapporta
„ une feuille à Noé, et il en conclut
„ qu'elle étoit couverte de verdure
„ et habitée par des animaux. „

Il tâche de prouver, d'après la même comparaison des parallèles,
" que l'ordre donné à Noé de faire
„ entrer dans l'arche des animaux
„ de chaque espèce, ne regarde
„ point la généralité des animaux,
„ mais seulement ceux qui étoient
„ immédiatement nécessaires à Noé
„ ou pouvoient lui être utiles. „

Dans l'alliance que Dieu fait avec l'homme, la distinction semble effectivement établie entre les animaux qui sortirent de l'arche et les autres animaux. Chap. IX, vers, 8, 9, 10.

Plusieurs géologues nient l'existence d'un déluge qui a mis sous les eaux tous les continens jadis habités, ne pensent point que le monde tel qu'il est date de cette époque, ne croient point que la température ait changé et que les animaux, dont les restes se sont conservés, ayent vécu dans nos climats. Ils semblent regarder le monde, sinon comme éternel, du moins d'une origine qui se pert dans la nuit des siècles et qui ne subit d'autres changemens que ceux que nous voyons s'opérer sous nos yeux.

Si l'on examine de près la cause de cette négative, on verra qu'elle est pour le plus souvent en liaison avec les opinions religieuses et découle de préjugés qui en dépendent.

Il est des personnes qui non-seulement regardent la narration de Moïse comme ne s'accordant point avec l'histoire de notre globe, mais jettent des doutes sur cette narration, et tirent des objections de ce que la terre, selon eux, a plus de 6000 ans, de ce que l'arc-en-ciel, donné en signe d'alliance, a existé, à ce qu'ils disent, de tout temps, de la topographie du Jardin d'Eden qu'ils croient fautive, de la création de la lumière avant le soleil, ce qui, selon eux, est contre les principes de la phisique, de la création du monde en six jours, qu'ils envisagent comme une absurdité, de l'âge des hommes avant le déluge, des anciens monumens astronomiques etc., etc.

Quoique je n'aye pas à défendre la narration de Moïse, mais à montrer, comme je l'ai fait, sa conformité avec l'histoire géologique de notre globe, je montrerai en peu de mots le peu de fondement de ces objections.

Je me bornerai à observer que Moïse ne fixe point l'époque de la création, mais détermine seulement celle de la création de l'homme. Je remarquerai que si la constitution de l'atmosphère a changé, la réunion des causes nécessaires pour produire l'arc-en-ciel peut n'avoir pas existé avant le déluge. Quant à la topographie du Jardin d'Eden, l'Euphrate antidiluvien étoit bien différent de l'Euphrate postdiluvien; c'est le même nom donné à deux choses très-différentes, et que les Israëlites savoient bien être très-différentes. La création de la lumière avant le soleil n'a rien de contradictoire, soit qu'on la considère comme matière ou comme vibration de l'éther. Quant à la creation en six jours, la comparaison des parallèles montre évidemment que ce sont des périodes. Quant à l'âge des hommes, il peut s'expliquer et nous y reviendrons. Je me bornerai pour le présent à remarquer qu'il falloit que ce fut un fait bien établi par la tradition, pour que Moïse osât l'avancer sans craindre d'être désavoué. Quant aux objections tirées des anciens monumens astronomiques, ces monumens bien examinés confirment la révélation comme l'a prouvé Mr. de Luc. Je me bornerai à observer que l'année antidiluvienne étoit différente de l'année postdiluvienne.

Je dois me borner à ce que je viens de dire en renvoyant aux ouvrages de Mr. de Luc et à celui de Mr. Hovard, qui porte pour titre :

Pensées sur la structure de notre globe, ou Histoire de la terre selon les livres sacrés, comparés avec les cosmogonies etc., etc. Suivies d'un essai philosophique pour expliquer la relation de Moïse sur la création et le déluge, in-4°. 1797. *Faulder New Bon Street*, dont l'extrait se trouve dans le N°. 135 de la Bibliothèque Britanique.

Des traces nombreuses des récits contenus dans la Genèse, dit l'auteur, se trouvent partout dans les traditions des anciens peuples, et dans leur mythologie. La plupart de ces coïncidences sont connues. Une qui l'est le moins, c'est le nombre précis des dix générations humaines, placées par Moïse entre la création et le déluge, nombre qu'on qu'on retrouve à la tête des annales d'un grand nombre de peuples.

Les Chinois comptent dix générations de Fohi à Ju, qui forment la première dinastie de leurs Empereurs. Les Perses en comptent le même nombre depuis Soliman Hoki à Caicobat, chef de leur seconde race.

Sanchoniaton Phrygien parle de même de dix générations des Dieux ou Demi-Dieux, placés entre Uranus et la race présente des mortels.

Bérose le Caldéen en compte le même nombre avant le déluge. Les Egyptiens en disent autant des Atlantides avant cette époque. Les Tartares et les Arabes, renommés pour leur simplicité et l'attachement qu'ils ont pour leurs généalogies et leurs traditions, ont non-seulement conservé le souvenir de ces dix générations, mais de concert, quoique séparés par d'immenses distances, ils donnent à plusieurs des Patriarches antidiluviens, aussi bien qu'à leurs successeurs immédiats, les mêmes noms qu'ils ont dans la Genèse.

L'auteur conclut avec raison de cette coïncidence et de toutes les autres ressemblances des Annales primitives des anciens peuples, avec les récits de Moïse, qu'il est assez singulier que notre siècle, par esprit de système, mette de côté sans aucune raison dans la recherche des origines des générations humaines, des Annales qui furent autrefois révérées par ceux même dont la religion différoit de celle des Hébreux, et dont les Annales sont regardées comme authentiques. En rapprochant ensuite les généalogies réduites d'après les savans, des Rois des différentes nations antérieures à l'Ere chrétienne, on arrive à une coïncidence pour les temps vraiment frappante, avec l'époque où selon l'opinion commune, en partant d'un centre de population près l'Euphrate, les diverses colonies ont dû s'établir dans les pays voisins et lointains.

EXPLICATION DES FIGURES.

La première et la seconde figure de la planche A représentent l'inclinaison qu'ont actuellement les couches qui jadis étoient horizontales. Les lignes parallèles de l'espace triangulaire de ces figures représentent une portion des couches jadis horizontales, censées coupées par un plan perpendiculaire à la direction.

On voit qu'elles montent au Nord-Ouest magnétique et qu'elles s'enfoncent au Sud-Est magnétique; l'on voit de plus que leur direction ou la ligne selon laquelle elles ont fait bascule, est du Nord-Est au Sud-Ouest magnétique.

La troisième figure doit représenter l'élipsoïde terrestre avec ses anciens points cardinaux.

Les lignes parallèles représentent les couches jadis horizontales relativement au point qui termine l'espace triangulaire qui les renferme, ou relativement au point qui désigne, sur la figure, l'intersection de l'ancien horizon apparent, avec l'horizon apparent actuel.

La quatrième figure montre comme les couches jadis horizontales et parallèles à l'horizon, sont inclinées sur l'horizon actuel.

ADDITION.

Note à ajouter à la fin du second alinéa, page 28.

J'AI fait mention, pag. 28, des Poudingues que l'on peut appeler primitifs et qui méritent une attention particulière.

« On trouve, comme l'observe Brochant, » dans les Alpes des terrains de transition, » qui ne sont séparés du terrain primitif « par aucune interruption, aucun déran- » gement notable de stratification, et qui » ne diffèrent du terrain primitif, qu'en ce » que les roches de ces terrains sont fré- » quemment associées à des poudingues de » différentes sortes. Ces terrains de transi- » tion des Alpes paroissent être les plus » anciens de tous. »

On pourroit les désigner sous le nom de *transition* ancienne. Ils font le sujet d'un beau Mémoire de M. Brochant qui se trouve dans le Journal des mines de 1808, et dont je fais mention p. 63 de cet abrégé.

L'anthracite n'est pas étrangère à ces terrains, et les fameux poudingues de Valorsines et de Trient y appartiennent.

Il paroît qu'on peut les regarder comme la réunion de débris de roches primitives formées sur la fin de la formation des roches primitives et faisant la liaison entre les roches primitives et les roches de transition proprement dites; lorsque les galets sont en petit nombre, on ne peut les distinguer des roches primitives que par un examen des plus attentifs. Il y en a, par exemple, dont le ciment ou plutôt la pâte est de gneiss ou micaschiste et si abondante qu'on les prendroit pour du gneiss ou du micaschiste pur ou proprement dit. Quelques géologues les rapportent aux roches primitives, d'autres aux roches de transition. Voici comme M. de Buch s'exprime au sujet des conglomerats du Trient. « Brochant et » Raumer ont prouvé, » dit M. de Buch, » dans Leonhard Taschenbuch pour 1818, « que des roches de transition en Savoye » et en Saxe peuvent être suivies d'autres » roches, que l'on ne peut distinguer que par « leur gissement des roches primitives. Car » jusques ici on étoit, il est vrai, panché » à regarder le gneiss qui entoure distinc- » tement les conglomerats de Trient comme » un chaînon de la formation primitive, » et les débris de roches qu'ils renferment » comme une anomalie particulière de la

» nature. Mais actuellement, on ne peut » plus mettre en question, si tout le gneiss » qui constitue le terrain de Martiguy à » St. Maurice, appartient en entier à la » transition? Les observations de Brochant » dans la Tarantaise fournissent assez d'a- » nalogie pour appuyer cette opinion. — » Les conglomerats se présentent dans le » gneiss avec la même direction et avec la » même inclinaison des couches précisé- » ment là où le torrent du Trient entre » par une fente étroite dans la vallée du » Rhône. »

ERRATA.

Pag. 55. Par inadvertance on a parlé de la *Jungfrau*, comme appartenant aux montagnes composées de pierre calcaire alpine, mais la chaîne de la *Jungfrau* est composée de pierre calcaire de transition.

Pag. 57. Par une autre inadvertance on a négligé de mettre avant les mots : La Dent du Midi et la *Jungfrau*, ce qui suit : La formation de transition n'a point non plus une pente fort rapide en Suisse au côté septentrional.

Pag. 125, *note* 44. Il y est dit, que M. de Buch présume que les cailloux qui se trouvent sur le flanc des montagnes ont été lancées par des explosions souterraines ; mettez en place :

« Suivant M. de Buch, les blocs de granit » épars sur le Jura, proviennent de la » haute cime dite *pointe d'Ornex*, et ils » ont été lancés par une explosion vio- » lente, et dispersés *d'un seul coup* sur les » parties orientales du Jura, opposées aux » issues des vallées des Alpes. Annales » de Chimie. » Juillet 1818, p. 319.

Pag. 124. Ajoutez avant le dernier alinéa : Le sel doit s'être séparé le dernier, aussi ne se trouve-t-il qu'au-dessus du gypse ou dans ses bancs supérieurs.

Pag. 41. A la fin, ajoutez : Le sel qui accompagne le gypse salifère se trouve au-dessus du gypse ou dans ses bancs supérieurs et point dans les inférieurs.

FIN.

ont eu tort de confondre avec les possessions qu'on a appelées depuis des fiefs.

Soit par défaut de connoissances ou d'économie, soit par une suite des partages survenus dans les successions, les Français voyoient diminuer de jour en jour la fortune que leurs pères avoient acquise. Le prince, qui réparoit ces disgraces, ne parut plus le simple ministre des lois. Sous une vaine apparence d'aristocratie, les fils de Clovis, qui avoient subjugué le conseil de la nation par leurs bienfaits, s'en trouvèrent les maîtres; ils s'emparèrent d'autant plus aisément de toute la puissance publique, que, pour s'assurer de la reconnoissance des courtisans, et s'attacher par l'espérance ceux-mêmes à qui ils n'accordoient aucune grâce, ils avoient eu la précaution de se réserver le droit de reprendre à leur gré les bénéfices qu'ils avoient accordés.

Rien ne pouvoit résister à des princes qui savoient si bien user de leur fortune. Loin de s'opposer à leurs injustices, des Leudes qui vouloient les enrichir pour les piller, et les rendre puissans pour abuser de leur puissance, les encourageoient à mépriser les lois, et leur apprenoient l'art de se faire de nouvelles prérogatives. Je ne crois pas qu'il soit impossible de distinguer les entreprises inspirées par les Leudes, Gaulois d'origine de celles qui étoient l'ouvrage des Français. L'établissement des douanes, des capitations, et des impôts sur les terres, ces perceptions odieuses, ou ces diplômes par lesquels le prince accordoit des privilèges particuliers, dispensoit de la loi, et ordonnoit même quelquefois de la violer de la manière la plus criminelle, ont une analogie évidente avec l'ancien gouvernement des empereurs, et supposent des connoissances et un raffinement que les Français n'avoient pas. S'emparer, au préjudice des héritiers légitimes, de la succession de ceux qui mouroient sans testament; autoriser les fermiers des domaines royaux à faire paître les troupeaux sur les terres de leurs voisins; se croire le maître de tout, parce qu'on est le plus fort et le plus injuste : tout cela ne demande que l'insolence et la brutalité que les Français avoient apportées de Germanie.

Cependant les rois Mérovingiens ne sachant point agrandir leur autorité avec méthode, et forcer toutes les parties de l'état à se courber à-la-fois sous le poids de leur sceptre, plusieurs grands, qui conservoient encore l'ancien esprit de la nation, ou qui étoient les plus riches et les plus puissans, eurent le courage et le bonheur d'échapper au joug qu'on leur avoit préparé. Soit qu'ils craignissent les forces de la cour, et fussent intimidés par l'indifférence avec laquelle le peuple voyoit la décadence du gouvernement, soit qu'ils aimassent moins la liberté publique que leur propre élévation, ils n'entreprirent rien en faveur des

www.ingramcontent.com/pod-product-compliance
Ingram Content Group UK Ltd.
Pitfield, Milton Keynes, MK11 3LW, UK
UKHW020600180726
13838UKWH00001B/357

9 782329 354668